LES

OISEAUX DE L'EUROPE

ET

LEURS ŒUFS.

Espèces non observées en Belgique.

OUVRAGES DES MÊMES AUTEURS :

Planches coloriées des oiseaux de la Belgique et de leurs œufs, par Ch.-F. Dubois. — 3 vol. in-8° avec 412 planches. Bruxelles, 1854-1860.

Ornithologische Galerie oder Abbildungen aller bekannten Vögel, von Ch.-F. Dubois. — 1 vol. in-8° avec 145 planches coloriées. Aachen, 1839.

Les Lépidoptères de l'Europe, leurs chenilles et leurs chrysalides décrits et figurés d'après nature, par Ch.-F. Dubois. — Ouvrage en cours de publication et continué par Alphonse Dubois.

Traité d'entomologie horticole, agricole et forestière. Exposé méthodique des insectes nuisibles et utiles, comprenant leur description, l'histoire de leurs mœurs et de leur propagation, et les moyens à employer pour détruire ceux qui nuisent aux végétaux cultivés, par Alph. Dubois. (*Ouvrage couronné par la Fédération des Sociétés d'horticulture de Belgique et par l'Académie nationale de Paris.*) — 1 vol. in-8° avec 4 pl. col. Gand, 1865.

Archives cosmologiques. *Revue des sciences naturelles,* rédigée par Alph. Dubois, avec la collaboration de savants belges et étrangers. — 1 vol. in-8° avec 15 planches coloriées et en noir. Bruxelles, 1867.

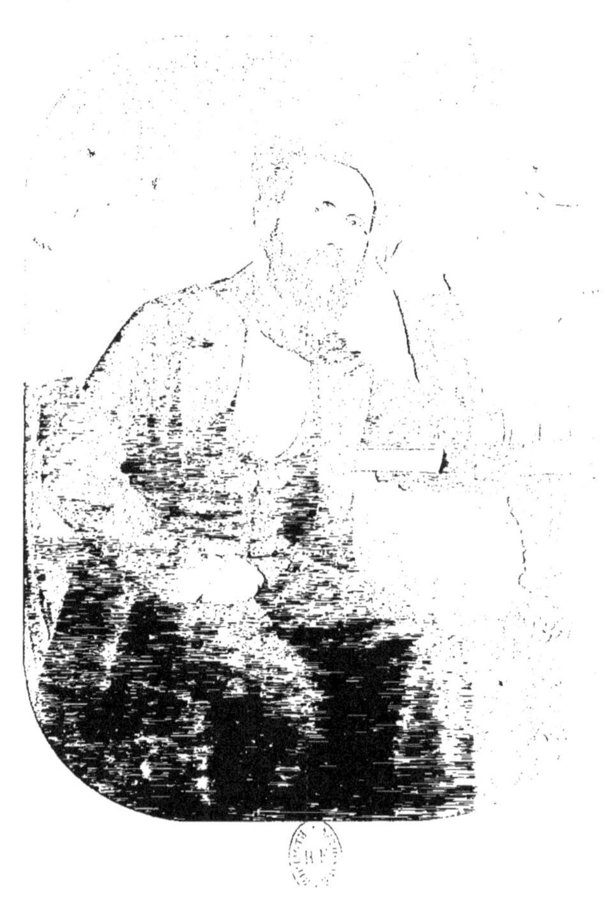

CHARLES-FRÉDÉRIC DUBOIS

1804 – 1867

LES

OISEAUX DE L'EUROPE

ET

LEURS ŒUFS,

DÉCRITS ET DESSINÉS D'APRÈS NATURE

PAR

CH.-F. DUBOIS,

MEMBRE HONORAIRE DE PLUSIEURS SOCIÉTÉS SAVANTES,

ET

ALPH. DUBOIS FILS,

DOCTEUR EN SCIENCES NATURELLES

ET MEMBRE HONORAIRE ET EFFECTIF DE PLUSIEURS SOCIÉTÉS SCIENTIFIQUES BELGES ET ÉTRANGÈRES.

DEUXIÈME SÉRIE;

ESPÈCES NON OBSERVÉES EN BELGIQUE.

TOME PREMIER.

AVEC 167 PLANCHES COLORIÉES.

BRUXELLES — LEIPZIG — GAND,

CHEZ C. MUQUARDT.

1868

PRÉFACE.

L'homme ressent toujours une certaine répulsion à envisager tout ce qui l'entoure comme n'appartenant qu'au monde matériel ; il aime à s'élever vers ces régions inconnues qui lui paraissent le séjour du repos. De son côté, l'enfance prête aisément aux montagnes, aux arbres et aux fleurs un génie qui les anime; mais à ces idées fantastiques vient s'opposer la science avec toute sa sévérité : elle dépouille la nature de ce charme enchanteur pour l'astreindre à l'impitoyable fatalité des lois immuables qui la régissent.

Enchaînés à la réalité par l'esprit de modération de la science d'aujourd'hui, nous remarquons que tous les phénomènes de la nature sont ordonnés par des lois simples et invariables. Nous retrouvons les substances constituantes des êtres vivants dans la croûte terrestre, et nous sommes obligés de reconnaître que les animaux et les végétaux sont soumis aux mêmes forces qui régissent les corps bruts; nous voyons dans les combinaisons et les décompositions de la matière, l'action des agents qui donnent aux tissus organiques leurs formes et leurs propriétés : seulement, ces forces agissent alors dans des conditions peu connues, que l'on désigne sous le nom de phénomènes vitaux. Il règne, en un mot, une grande solidarité entre la terre et les êtres qui l'habitent, entre les phénomènes physiques qui s'accomplissent à sa surface et les fonctions de ces êtres.

De tous les vertébrés, la classe des oiseaux est aujourd'hui celle qui est la mieux connue, tant sous le rapport de la distribution géographique que sous celui des mœurs et de la propagation. Presque chaque pays nous fournit un relevé des oiseaux qui l'habitent ; à l'aide de ces précieux documents, on est parvenu à connaître assez bien la distribution des diverses espèces, et surtout de celles qui sont propres à l'Europe ou qui s'y montrent accidentellement.

La vie animale, malgré sa variété, est d'un aspect trop mobile et trop insaisissable pour influer sur la physionomie d'un pays : elle lui reste presque étrangère ; tandis que les végétaux, par leur grandeur, leur port, la forme des feuilles et des fleurs, constituent le trait principal du caractère d'une contrée. C'est grâce aux progrès récents de la géographie botanique que la distribution des animaux sur le globe a été étudiée d'une manière plus complète.

Les courbures des lignes isothermes et surtout des lignes isochimènes, se manifestent vers les limites que certains animaux à demeure fixe dépassent rarement, soit vers les pôles, soit vers le sommet des montagnes couvertes de neige. Ainsi, de Humboldt nous apprend que l'élan vit dans la péninsule Scandinave, sous une latitude plus boréale de 10° que dans l'intérieur de la Sibérie, où les lignes d'égale température moyenne de l'hiver affectent une forme concave si frappante.

Les animaux ont la faculté d'étendre à leur gré le cercle de leur migration, de l'équateur aux pôles ; mais ils l'étendent surtout du côté où les lignes isothermes se voûtent et où des étés chauds succèdent aux hivers rigoureux. Le tigre royal, par exemple, fait chaque été des incursions dans le nord de l'Asie, jusque sous les latitudes de Berlin et de Hambourg.

Dans la classe des oiseaux, ces exemples sont si nombreux que je n'en parlerai pas. Les oiseaux ont cependant, sous ce rapport, un grand avantage sur les mammifères, parce qu'ils peuvent franchir, grâce à la rapidité de leur locomotion, un grand espace, et cela en fort peu de temps. C'est à cause de cette faculté, que nous découvrons si fréquemment en Europe des espèces propres à l'Asie, à l'Amérique ou à l'Afrique qui n'y ont jamais été observées auparavant.

Il est vrai que les naturalistes n'ont pas toujours foi en ces découvertes, à cause des nombreux jardins zoologiques d'où ces oiseaux peuvent s'échapper. Mais cela ne peut être le cas pour certaines espèces, surtout pour les Hirundinées : ni l'*Acanthylis caudacuta,* originaire de la Nouvelle-Hollande, ni l'*Hirundo bicolor,* de l'Amérique du Nord, ne peuvent avoir vécu en captivité. Il n'y a d'ailleurs rien de si étonnant à ce que certains oiseaux des continents voisins viennent se montrer de temps à autres dans nos climats, sous des latitudes le plus souvent identiques à celles de leur patrie.

Dans ces derniers temps, les oiseaux de l'Europe ont attiré d'une manière toute spéciale l'attention des ornithologistes. De tout côté l'on a découvert de nouvelles espèces pour notre continent et même des espèces inconnues ! Les naturalistes allemands ont, en général, été les plus favorisés dans ces sortes de découvertes. Mais en examinant avec attention le soi disant nouvel oiseau, on s'aperçoit qu'il touche de bien près à tel ou tel oiseau très-ordinaire. Il est vrai pourtant qu'il existe une différence assez caractéristique, qui persiste même de génération en génération, et qui est plus que suffisante pour caractériser une espèce. Mais une grave objection s'élève contre cette théorie, qui a pour but de créer sans fondement une foule de nouvelles espèces : c'est l'influence du climat sur la coloration du plumage.

Un examen attentif nous démontre que le froid pâlit les couleurs, tandis que la chaleur les vivifie. C'est pour cette raison que la généralité des oiseaux du Nord ont un plumage blanchâtre ou peu coloré, et que ceux des contrées tropicales l'ont généralement varié et à teintes vives et brillantes. Ceci est tellement vrai, que les espèces propres à nos contrées tempérées deviennent de moins en moins colorées à mesure que leur habitat s'approche des pôles, tandis que le contraire a lieu quand leur séjour devient de plus en plus méridional ; exemples : l'*Otus sibirica,* qui n'est qu'une variété pâle de l'*O. maximus* ou *bubo ;* l'*Hirundo Savignii,* qui est une variété plus vive de l'*H. rustica;* le *Passer hispaniolensis,* qui n'est qu'une variété méridionale de notre moineau domestique, etc. Aux îles Britanniques nous trouvons un exemple frappant dans le *Tetrao scoticus,* qui n'habite que là, et qui cependant n'est qu'une variation climatérique bien marquée de l'espèce norwégienne. La différence est parfois encore plus grande si l'on compare des oiseaux de l'Amérique du Nord avec des espèces identiques d'Europe. Ch. Darwin dit qu'il fut frappé en comparant les oiseaux des îles Galapagos, soit les uns avec les autres, soit avec ceux de la terre ferme américaine, du vague et de l'arbitraire de toutes les distinctions entre les espèces et les variétés.

Beaucoup de naturalistes n'ont tenu aucun compte de cette influence du climat sur le plumage, et ils ont créé autant d'espèces nouvelles qu'ils ont pu trouver de variétés climatériques. On m'objectera peut-être que les oiseaux figurés dans cet ouvrage comme variétés climatériques, sont réellement des espèces distinctes, vu qu'ils se reproduisent entre eux avec les mêmes caractères essentiels, c'est-à-dire qu'ils se comportent comme des espèces bien définies. Mais comment se fait-il alors que, quand on transporte dans son pays l'une ou l'autre de ces variétés, elle retourne à l'espèce typique?

De deux choses l'une : ou l'espèce est variable, ou elle ne l'est pas. Si elle l'est, il faut considérer les variétés héréditaires qui se forment sous l'influence du climat comme suffisamment caractérisées pour être élevées au rang d'espèces. C'est entrer dans les vues de Darwin et admettre, par conséquent, que les espèces sont nées les unes des autres, les plus parfaites provenant des plus simples, par voie de variations successives et progressives. Si, au contraire, l'espèce n'est pas variable, il faut rayer de la liste des oiseaux de l'Europe toutes ces variétés produites par le climat, ou tout au moins ne les considérer que pour ce qu'elles sont.

Selon moi, une variété héréditaire bien caractérisée peut parfaitement être élevée au rang d'espèce, s'il est constaté qu'elle n'a subi aucun changement au bout d'un certain nombre de générations. Mais comme cela n'est pas encore le cas pour la plupart des variétés climatériques de notre époque, je continue à les considérer comme telles, ce qui équivaut en quelque sorte à des *sous-espèces*.

Lorsque j'ai pris la résolution d'achever l'ouvrage de mon regretté père, mon but était de le compléter autant que possible sans rien changer au plan primitif. Si je me suis permis quelques changements par rapport aux genres adoptés, c'est que j'en ai reconnu la nécessité; aussi prierai-je les ornithologistes de ne pas négliger la lecture des descriptions génériques.

J'ai également trouvé convenable de compléter en note, autant que faire se peut, la synonymie des oiseaux figurés dans la première série, comprenant les espèces observées en Belgique.

Il m'a été jusqu'ici impossible de me procurer les œufs de plusieurs oiseaux rares figurés dans ce volume. Je prie MM. les amateurs qui posséderaient l'un ou l'autre œuf manquant, de bien vouloir me le confier pour quelques jours, ou de m'en envoyer un dessin à l'aquarelle, bien exact et en grandeur naturelle ; je leur en serai très-reconnaissant.

Si, d'ici à la fin de l'ouvrage, j'apprenais qu'un nouvel oiseau se fût montré en Europe, je le donnerais, avec les œufs manquants, à la fin du tome II de cette seconde série.

A. D.

Bruxelles, avril 1868.

PREMIER ORDRE.

RAPACES — RAPACES (1).

PREMIER SOUS-ORDRE. — **RAPACES DIURNES.**

FAMILLE I.

VULTURIDÉES. — VULTURIDÆ.

Caractères : Yeux à fleur de tête; bec droit vers sa base, courbé seulement à son extrémité, généralement fort; tête et cou en général plus ou moins nus ou légèrement couverts de duvet; jabot le plus souvent saillant. Pattes généralement robustes; ongles peu aigus.

Cette famille est très-naturelle et se compose de trois genres qui ont de grands rapports entre eux. Les espèces qui entrent dans ces genres ont généralement le vol puissant et jouissent, pour la plupart, d'une grande force musculaire.

Genre 1. — Néophron. — Neophron, Savig.

VULTUR, Lin. — CATHARTES, Illig. — PERCNOPTERUS, Cuv. — CATHARISTA, Vieill. — GYPAETOS, Bechst.

Caractères : Bec allongé, robuste chez quelques espèces, grêle chez d'autres, comprimé légèrement au-dessus de sa courbure ; cire occupant plus de la moitié du bec ; narines ovalaires, longitudinales, percées de part en part, situées vers le milieu du bec; mandibule inférieure plus courte

(1) Je m'abstiendrai de décrire les ordres, les familles et les genres dont les descriptions ont été données dans la première série comprenant les oiseaux observés en Belgique.

que la supérieure, à extrémité obtuse ; tête aplatie et, de même qu'une partie du cou, nue. Ailes allongées, acuminées ; première rémige plus courte que la seconde, troisième et quatrième dépassant en longueur les deux premières. Queue de longueur moyenne, composée de quatorze pennes. Tarses peu robustes, de longueur moyenne, nus ; doigt médian long, uni à l'externe par sa base ; ongles courts et grêles.

Les espèces de ce genre vivent et volent en troupes, sont très-voraces et se nourrissent principalement de cadavres, d'immondices, de lézards, d'insectes et d'œufs d'oiseaux ; quand la faim les presse, ces oiseaux attaquent parfois de petits mammifères mortellement blessés ou maladifs ; mais comme ils ne sont pas très-adroits à ces sortes de chasses, ils se réunissent en nombre suffisant pour vaincre leur victime, qui doit infailliblement succomber sous les coups des assaillants. Les Néophrons se rendent très-utiles en purgeant les pays chauds qu'ils habitent, des immondices et des charognes qui, sans eux, engendreraient souvent des maladies pestilentielles ; c'est pour cette raison qu'on leur laisse toute liberté.

Il n'y a pas de différence marquée dans le plumage des deux sexes, mais les jeunes en ont un qui leur est propre.

La nidification se fait dans les rochers et la ponte est de 2 à 4 œufs.

Ce genre est représenté en Europe par deux espèces : *Neophron stercorarius*, Dub. et *N. pileatus*, Illig.

Genre 2. — Vautour. — Vultur, Lin.

GYPS et ÆGYPIUS, Savig.

Caractères : Bec gros, robuste, plus haut que large, droit, un peu arrondi en dessus et très-crochu au bout ; narines nues, latérales, perforées obliquement ; tête et cou en partie nus ou couverts de duvet ; collerette de plumes longues et touffues. Ailes longues ; quatrième rémige la plus longue. Queue composée de douze à quatorze pennes. Tarses de longueur moyenne, nus, couverts de duvet seulement près des cuisses ; pieds robustes ; doigt médian très-long, réuni à l'externe par une forte membrane ; ongles faiblement arqués, plus ou moins émoussés.

Les Vautours habitent les zones chaudes de l'ancien monde ; ils paraissent destinés, comme les Néophrons, à purger la terre des immondices et des charognes. Leur grande taille et leur physionomie toute spéciale les distinguent facilement des autres rapaces diurnes. Il vivent généralement par couples, mais se réunissent en assez grand nombre pour aller dépecer un cadavre, que leur vue perçante leur fait apercevoir à des distances incroyables, car ce n'est pas l'odorat, comme on l'a souvent prétendu, qui les guide vers leur proie. Ces rapaces sont d'un naturel apathique; quand ils se sont bien repus, ils doivent faire quelques sauts avant de pouvoir s'élever, mais dès qu'ils ont quitté le sol, ils volent lentement, avec majesté et à des hauteurs telles que les meilleurs yeux ne peuvent les apercevoir. A terre, les Vautours sont gauches et marchent avec les ailes et la queue pendantes.

Les femelles sont plus grandes et plus fortes que les mâles. Les deux sexes ont le même plumage, mais qui varie beaucoup selon l'âge; les jeunes sont tachetés, et ont les parties nues de la tête et du cou couvertes d'un duvet qu'ils perdent au bout d'une couple d'années. La mue n'a lieu qu'une fois l'an.

La nidification se fait dans un endroit désert et sur des rochers inaccessibles; les femelles rapportent dans leur jabot la nourriture aux petits et la dégorgent devant eux.

Ce genre a pour représentant en Europe : *Vultur fulvus*, Briss., *V. Ruppellii*, Lath., *V. cinereus*, Gmel. et *V. auricularis*, Daud.

Genre 3. — Gypaète. — Gypaëtos, Bechst.

FALCO, Lin. — VULTUR, Briss. — PHENE, Savig. — GYPAETUS, Dumer.

Caractères : Bec allongé, très-fort, renflé vers la pointe qui est courbée comme un crochet; mandibule inférieure droite; narines ovales, couvertes, de même que la cire, de soies raides et couchées sur la base du bec; tête et cou vêtus de plumes; front très-aplati et partie postérieure de la tête assez élevée. Ailes très-longues; première rémige plus courte que la deuxième, la troisième plus longue que les deux premières. Queue arrondie, large. Tarses courts, robustes, emplumés dans toute leur étendue; doigts antérieurs réunis à leur base par une courte membrane; ongles peu courbés.

Les Gypaètes sont des oiseaux de proie de forte taille, qui font la guerre aux chamois, aux chevreaux, aux agneaux, etc.; faute de mieux, ils se nourrissent d'animaux morts et même de charognes. On les accuse d'attaquer les enfants et même l'homme endormi, mais ceci paraît empreint d'exagération. Ces rapaces vivent par couples sur les rochers les plus escarpés et les plus inaccessibles; c'est là aussi que se fait la nidification.

Les deux sexes ont le même plumage, mais les jeunes portent une livrée spéciale qui change à chaque mue, jusqu'à ce qu'elle soit identique à celle des parents.

FAMILLE II.

FALCONIDÉES. — FALCONIDÆ (1).

Genre 4. — Pygargue. — Haliaëtus, Sav. (2).

FALCO, Lin. — VULTUR et AQUILA, Dumér. — HALIAETOS, Bonap. — THALASSOAETUS, Kaup.

Espèces européennes : *Haliaëtus albicilla*, Leach. (3); *H. leucocephalus*, Bonap.; *H. Pallasii*, Dub.

Genre 5. — Balbuzard. — Pandion, Sav. (4).

FALCO, Lin. — AQUILA, Briss. — TRIORCHES, Leach. — BALBUSARDUS, Flem. — ICHTHYAETUS, Lafr. — POLIOAETUS, Kaup.

Ce genre n'a pour représentant en Europe que le *Pandion fluviatilis*, Vieill. (5).

Genre 6. — Aigle. — Aquila, Briss. (6).

FALCO, Lin. — AETOS, Nitz. — ICTINAETUS, Jerd. — NEOPUS, Hodgs. — HIERAETUS, Kaup.

Espèces observées en Europe : *Aquila chrysaetos*, Pall.; *A. fulva*, Savig.; *A. imperialis*, Boic; *A. Bonellii*, Temm.; *A. nævia*, Briss. (7); *A. clanga*, Pall.; *A. rapax*, Tem.; *A. pennata*, Breh.

---

(1) Voy. pour les caractères : Ch. F. Dubois, *Planches col. des Oiseaux de la Belgique*, t. I, p. VII.

(2) Ibidem, p. IX.

(3) Ajoutez à la synonymie : *H. nisus*, Sav., *H. borealis*, Breh., *H. pygargus*, Eyton.

(4) Voy. Dubois, *loc. cit.*, p. X.

(5) Ajoutez à la synonymie : *Pandion planiceps*, Breh.; *P. indicus*, Hodgs.; *P. americanus*, Vieill.; *Balbusardus haliaetus*, Flem.; *Triorches fluvialis*, Leach.; *Falco cayanensis*, Gmel.; *Aquila piscatrix*, Vieill.

(6) Voy. Dubois, *loc. cit.*, p. XII.

(7) Ajoutez à la syn. : *Spizaëtus fuscus*, Vieill.; *Aquila vittata*, Hodgs.

Genre 7. — Circaéte. — Circaëtus, Vieill. (1).

FALCO, Lin. — AQUILA, Briss. — CIRCAETOS, Bonap.

Ce genre n'a qu'une espèce propre à l'Europe, c'est le *Circaëtus gallicus*, Vieill.

Genre 8. — Buse. — Buteo, Cuv. (2).

FALCO, Lin. — CRAXIREX, Gould. — PŒCILOPTERNIS, TRIORCHIS, Kaup. — ARCHIBUTEO, Breh. — BUTAETES, Less. — BUTAQUILA, HEMIAETUS, Hod.

Espèces observées en Europe : *Buteo vulgaris*, Cuv. (3) ; *B. Delalandi*, de Murs ; *B. leucurus*, Naum., *B. lagopus*, Hemp. (4).

Genre 9. — Bondrée. — Pernis, Cuv. (5).

FALCO, Lin. — BUTEO, Briss.

Ce genre n'a qu'un représentant en Europe, c'est le *Pernis apivorus*, Cuv.

Genre 10. — Elanion. — Elanus, Savig. (6).

FALCO, Lin. — MILVUS, Briss. — ELANOIDES, Vieill.

Ce genre n'a également qu'un représentant en Europe, c'est *l'Elanus melanopterus*, Leach.

Genre 11. — Milan. — Milvus, Briss. (7).

FALCO, Lin. — HYDROICTINIA, Kaup.

Espèces observées en Europe : *Milvus regalis*, Briss. ; *M. fusco-ater*, Hemp. ; *M. parasiticus*, Daud. ; *M. furcatus*, Jen.

---

(1) Voy. Dubois, *loc. cit.* p. XII.

(2) Ibidem, p. XII.

(3) Ajoutez à la syn. : *Falco cinereus* et *F. obsoletus*, Gmel. ; *F. pagana*, Sav. ; *Buteo mutans* Vieill. ; *B. albus*, Daud. ; *B. medius* et *B. murum*, Breh. ; *B. fuscus*, Macg.

(4) Ajoutez à la syn. : *Archibuteo lagopus*, Gray ; *Triorchis lagopus*, Kaup.

(5) Voy. Dubois, *loc cit.*, p. XIII.

(6) Ibidem, p. XIV.

(7) Ibidem, p. XV.

Genre 12. — Crécerelle. — Cerchneis, Boie (1).

FALCO, Lin. — TINNUNCULUS, Vieill. — ÆGYPIUS, Kaup. — FALCULA, Hodgs. — ERYTHROPUS, Brch.

Espèces européennes : *Cerchneis tinnuncula*, Boie (2); *C. tinnunculoides*, Boie; *C. rubripes*, Dub.

Genre 13. — Faucon. — Falco, Lin. (3).

HIEROFALCO, HYPOTRIORCHIS, Boie. — ÆSALON, Kaup. — DENDROFALCO, Gray.

Espèces d'Europe : *Falco peregrinus*, Briss. (4); *F. candicans*, Gm.; *F. islandicus*, Brün.; *F. gyrfalco*, Lin.; *F. lanarius*, Bel.; *F. sacer*, Lin.; *F. subbuteo*, Lin. (5); *F. eleonoræ*, Gené.; *F. concolor*, Tem.; *F. ardisiaceus*, Vieill.; *F. æsalon*, Lin. (6).

Genre 14. — Autour. — Astur, Bechst.

FALCO, Lin. — DAEDALION, Sav. — SPARVIUS et ASTURINA, Vieill. — LOPHOSPIZA, LEUCOSPIZA et RUPORNIS, Kaup. — ACCIPITER, Briss.

Caractères : Bec très-crochu, à bords droits postérieurement à la dent qui est obtuse. Ailes atteignant le milieu de la queue; troisième et quatrième rémiges les plus longues. Queue médiocre. Tarses assez courts, dépassant peu en longueur le doigt médian, robustes; doigts relativement longs et munis d'ongles robustes (7).

Ce genre n'est représenté en Europe que par une seule espèce, c'est l'*Astur palumbarius*, Hemp. (8).

---

(1) Voy. Dubois, *loc. cit.*, p. XVI.

(2) Ajoutez à la syn. : *Falco rufescens*, Swains.; *F. interstinctus*, M' Cl.; *Accipiter alaudarius*, Bris.; *Cerchneis media*, Brch.; *AEgypius tinnunculus*, Kaup.

(3) Voy. Dubois, *loc. cit.*, p. XVII.

(4) Ajoutez à la syn. : *Falco orientalis*, Gmel.; *F. punicus*, Levail.; *F. micrurus*, Hodgs.; *F. calidus*, Lath.

(5) Ajoutez à la syn. : *Falco subbuteo major*, Lath.; *F. pinetarius*, Schaw.; *Hypotriorchis subbuteo*, Kaup.

(6) Ajoutez à la syn. : *AEsalon lithofalco*, Kaup.; *Hypotriorchis æsalon*, Boie; *Falco lithofalco*, Kaup.

(7) Voy. pour les mœurs, régime et propagation : Dubois, *loc. cit.*, p. XIX.

(8) Ajoutez à la syn. : *Falco albescens*, Bodd.; *Buteo palumbarius*, Flem.; *Accipiter astur*, Pall.; *Astur gallinarum*, Brch.

Genre 15. — Épervier. — Nisus, Cuv.

FALCO, Lin. — ACCIPITER, Briss. — IERAX, Leach. — UROSPIZA et HIERASPIZA, Kaup. — SPARVIUS, Vieill. — DAEDALION, Savig.

Caractères : Bec un peu plus petit et plus faible que chez les précédents, plus brusquement courbé à son extrémité et à dents moins accentuées. Ailes moins aiguës que chez les autours ; quatrième et cinquième rémiges les plus longues et atteignant presque le milieu de la queue ; celle-ci est longue, carrée, rayée transversalement. Tarses grêles, longs, écussonnés ; doigts grêles, l'extérieur réuni au médian par une membrane assez large ; ongles très-crochus, aigus, celui du médian à bord intérieur émoussé.

Ces oiseaux se rapprochent beaucoup des Autours, aussi plusieurs ornithologistes ont-ils cru convenable de confondre ces deux genres en un seul. Mon père a suivi la même marche dans l'ouvrage des *Oiseaux de la Belgique;* mais plus tard il reconnut son erreur et il fit alors la séparation des *Astur* d'avec les *Nisus* dans son *Catalogue syst. des Ois. de l'Eur.* (1865). Cette voie est du reste suivie par la généralité des naturalistes modernes.

Le genre *Nisus* est représenté en Europe par les : *N. communis,* Cuv. (1) ; *N. peregrinus,* Breh. ; *N. gabar,* Cuv. ; *N. Dussumieri.*

Genre 16. — Busard. — Circus, Savig. (2).

FALCO, Lin. — PYGARGUS, Koch. — STRIGICEPS, Bonap. — BUSARELLUS, Lafr. — GLAUCOPTERIX, SPILOCIRCUS et SPIZACIRCUS, Kaup.

Espèces européennes : *Circus rufus,* Bris. (3) ; *C. cineraceus,* Boie (4) ; *C. cyaneus,* Cuv. (5) ; *C. pallidus,* Syk.

---

(1) Ajoutez à la syn. : *Accipiter maculatus,* Briss. ; *A. nisosimilis,* Tick. ; *A. subtypicus,* Hodgs. ; *Ierax fringillarius,* Leach. ; *Buteo nisus,* Flem. ; *Astur nisus,* Keys. et Blas. ; *Nisus peregrinus,* Breh.

(2) Voy. Dubois, *loc. cit.,* p. XX.

(3) Ajoutez à la synon. : *Pygargus rufus,* Koch. ; *Circus palustris,* Briss. ; *C. variegatus,* Syk. ; *C. Sykesi,* Less.

(4) *Falco cinerarius,* Mont. ; *Buteo cineraceus,* Flem. ; *Circus cinerarius,* Leach. C. (Glaucopteryx) cineraceus, Kaup.

(5) *Falco pygargus,* Lin. ; *F. cinereus,* It. ; *F. hudsonius,* Lin. ; *F. uliginosus, F. variegatus* et *F. albidus,* Gmel. ; *F. europogistus,* Bosc. ; *Buteo cyaneus,* Jen. ; *Strigiceps cyaneus,* Bonap. ; *Circus ægithus,* Leach. ; *C. uliginosus* et *C. variegatus,* Vieill.

DEUXIÈME SOUS-ORDRE. — **RAPACES NOCTURNES.**

FAMILLE III.

STRIGIDÉES. — STRIGIDÆ.

Genre 17. — Chouette. — Strix, Lin (1).

SURNIA, Dumér. — NYCTEA, Steph. — NOCTUA, Sav. — ATHENE, GLAUCIDIUM, Boie. — CARINE, Kaup. — NYCTIPETES, Swains. — NINOX, Hodgs. — CICCABA, Wagl.

Les espèces européennes sont : *Strix funerea*, Lin. (2); *S. uralensis*, Pall.; *S. nebulosa*, Fast (3); *S. nivea*, Daud.; *S. laponica*, Retz.; *S. Tengmalmi*, Gmel. (4); *S. noctua*, Retz. (5); *S. meridionalis*, Brch.; *S. pusilla*, Daud.; *S. flammea*, Lin.; *S. aluco*, Lin. (6).

Genre 18. — Hibou. — Otus, Cuv. (7).

STRIX, Lin. — BUBO, Sibb. — ASIO, Briss. — BRACHYOTUS, Forst. — ASCALAPHIA, I. Geoff. — SCOPS, Savig. — ÆGOLIUS et EPHIALTES, Keys. et Blas. — HELIAPTEX, Swains. — URRUA, Hodgs.

Espèces d'Europe : *Otus maximus*, Dub. (8); *O. sibirica*, Leach.; *O. ascalaphus*, Cuv.; *O. medius*, Cuv. (9); *O. brachyotus*, Boie (10); *O. scops*, Schleg. (11).

(1) Voy. Dubois, *loc. cit.*, p. XXI.

(2) Ajoutez à la syn. : *Surnia ulula*, Bonap.; *S. nisoria*, Brch.; *Syrnia funerea*, Macg.; *Syrnium nisoria*, Kaup.; *Strix doliata*, Pall.: *S. canadensis*, Briss.; *S. freti hudsonis*, Briss.; *S. arctica*, Sparr.

(3) Ajoutez à la syn. : *Syrnium nebulosum*, Gmel.

(4) Ajoutez à la syn. : *Nyctale funerea*, Bonap.; *N. planiceps*, Brch.; *N. Richardsoni*, Bonap.; *Scotophilus Tengmalmi*, Swains.; *AEgolius Tengmalmi*, Kaup.; *Ulula Tengmalmi*, Audub.

(5) Ajoutez la syn. : *Athene psilodactyla*, Brch.; *A. gymnopus*, Hodgs.; *Noctua veterum*, Licht ; *Carine passerina*, Kaup.; *Syrnia psilodactyla*, Macg.; *Surnia noctua*, Keys. et Blas.

(6) Ajoutez à la syn. : *Strix sylvestris*, Scop.; *S. noctua*, Scop.

(7) Voy. Dubois, *loc. cit.*, p. XXV.

(8) Ajoutez à la syn. : *Asio bubo*, Swains.; *Bubo nudipes*, Daud.

(9) Ajoutez à la syn. : *Srix soloniensis*, Gmel.; *Asio otus*, Macg.; *Otus asio*, Leach.; *O. Wilsonianus*, Less.; *O. americanus*, Bonap.; *O. arboreus* et *O. gracilis*, Brch.; *O. vulgaris*, Flem.

(10) Ajoutez : *Asio brachyotus*, Macg.; *Otus microcephalus*, Leach.; *O. ulula*, Cuv.

(11) Ajoutez : *Strix scops*, Lin.; *Scops pennata*, Hodgs.; *S. sunia*, Hodgs.; *S. senegalensis*, Swains.; *S. capensis*, A. Smith; *Otus (Scops) africana*, Temm.; *O. (Scops) japonicus*, Temm. et Sch.

DEUXIÈME ORDRE.

PASSEREAUX. — PASSERINÆ.

FAMILLE I.

CAPRIMULGIDÉES. — CAPRIMULGIDÆ (1).

Genre 1. — Engoulevent. — Caprimulgus, Lin. (2).

HIRUNDO, Lin. — NYCTICHELIDON, Renn. — ANTROSTOMUS, Gould. — HYDROPSALIS, Wagl. — PSALURUS, Swains.

Ce genre n'a que deux représentants en Europe, ce sont les *Caprimulgus vulgaris,* Vieill. et *C. ruficollis,* Tem.

FAMILLE II.

HIRUNDINÉES. — HIRUNDINÆ (3).

Genre 2. — Martinet. — Cypselus, Illig. (4).

HIRUNDO, Lin. — APUS, Dumér. — MICROPUS, Wolf. — BRACHYPUS, Mey. — TACHORNIS, Gos.

Espèces européennes : *Cypselus murarius,* Temm. (5); *C. alpinus,* Temm.

---

(1) Voy. Dubois, *loc. cit.*, p. XXVII (Chélidons nocturnes).
(2) Ibidem., p. XXVIII.
(3) Ibidem, p. XXIX.
(4) Ibidem, p. XXX.
(5) Ajoutez à la syn. : *Micropus apus,* Boie; *Cypselus vulgaris,* Steph.; *C. caffer,* Licht ; *C. niger,* Leach.

Genre 3. — Acanthyle. — Acanthylis, Boie.

CHÆTURA, Steph. — HEMIPROCNE, Nitz. — HIRUND-APUS, Hodgs. — PALLENE, Less.

Caractères : Bec petit, déprimé, arqué à son extrémité ; bords graduellement comprimés vers l'extrémité ; narines basilaires, latérales, couvertes d'une membrane percée longitudinalement. Ailes très-longues et étroites ; la première rémige la plus longue. Queue courte, carrée ou légèrement arrondie ; tige des pennes terminée par une pointe aiguë dépassant les barbes. Tarses nus, robustes et plus courts que le doigt médian ; doigts courts, épais et comprimés ; ongles longs, courbés et comprimés.

Les Acanthyles sont des oiseaux voyageurs propres aux deux Amériques, aux Indes et à leurs îles et à l'Australie. Ils vivent en troupes et se nourrissent d'insectes pris au vol. Celui-ci est rapide et peut être soutenu très-longtemps. Quand ces oiseaux se cramponnent contre un rocher, ils se soutiennent en même temps par leurs ailes et par les pointes qui terminent chaque penne de la queue.

Les nids sont communément placés dans le creux d'un arbre ou d'un rocher. Celui des espèces américaines, dit Wilson, est composé de fines radicelles et enduit d'une sorte de gomme ou glu qui est sécrétée par deux glandes placées dans la cavité buccale près des glandes salivaires. Le nid est ainsi convenablement maçonné à l'aide de cette glu animale, qui, mélangée à la salive, devient aussi dure que le bois ; l'intérieur est bourré de duvet. La ponte est généralement de quatre œufs.

J'ai placé, à tort, ce genre parmi les hirondelles (*Hirundo*), car ses caractères sont trop saillants pour être confondus avec ceux de ces dernières. Je répare donc ici la bévue que j'ai commise plus loin, et j'adopte définitivement la dénomination générique établie par Boie.

Ce genre n'est représenté en Europe que par l'*Acanthylis caudacuta*, Gray.

Genre 4. — Chélidon. — Chelidon, Boie (1).

HIRUNDO, Lin.

Ce genre n'a également qu'un représentant en Europe, c'est le *Chelidon urbica*, Boie (2).

---

(1) Voy. Dubois, *loc. cit.*, p. XXXI.

(2) Ajoutez à la syn. : *Chelidon rupestris*, Brch.

Genre 5. — Hirondelle. — *Hirundo*, Lin. (1).

COTYLE, CECROPIS, Boie. — BIBLIS et HERSE, Less.

Espèces européennes : *Hirundo riparia*, Lin. (2) ; *H. rupestris*, Lin. ; *H. rustica*, Lin. (3) ; *H. Savignii*, Leach ; *H. rufula*, Tem. ; *H. senegalensis*, Lin. ; *H. purpurea*, Lin. ; *H. bicolor*, Vieill.

FAMILLE III.

MUSCICAPIDÉES. — MUSCICAPIDÆ (4).

Genre 6. — Gobe-mouches. — *Muscicapa*, Lin. (5).

FICEDULA, Briss. — BUTALIS, Boie. — ERYTHROSTERNA, Bonap.

Espèces européennes : *Muscicapa grisola*, Lin. ; *M. albicollis*, Temm. ; *M. luctuosa*, Tem. (6) ; *M. rufigularis*, Breh.

FAMILLE IV.

AMPÉLIDÉES. — AMPELIDÆ (7).

Genre 7. — Jaseur. — *Bombycilla*, Briss. (8).

AMPELIS, Lin. — BOMBYCIVORA, Temm. — BOMBYCIPHORA, Mey. — CORVUS, Ill.

Espèces observées en Europe : *Bombycilla garrula*, Vieill. ; *B. americana*, Swains.

(1) Voy. Dubois, *loc. cit.*, p. XXXII.
(2) Ajoutez : *Cotyle microrhynchos*, Breh.
(3) Ajoutez : *Cecropis pagorum*, Breh.
(4) Voy. Dubois, *loc. cit.*, p. XXXIII.
(5) Ibidem, p. XXXIV.
(6) Ajoutez à la syn. : *Emberiza luctuosa*, Scop. ; *Muscicapa streptophora*, Vieill. ; *M. atticeps*, Breh.
(7) Voy. Dubois, *loc. cit.*, p. XXXV.
(8) Ibidem, p. XXXV.

FAMILLE V.

LANIADÉES. — LANIADÆ (1).

Genre 8. — Pie-grièche. — Lanius, Lin. (2).

AMPELIS, Lin. — COLLYRIO, Mœh. — CORVINELLA, Less. — PHONEUS, Kaup. — BASANISTES, Licht. — ENNEOCTONUS, Boie.

Espèces d'Europe : *Lanius collurio*, Lin. ; *L. phœnicurus*, Pall. ; *L. tchagra*, Schleg. ; *L. personatus*, Tem. ; *L. ruficeps*, Bechst. (3) ; *L. nigrifrons*, Breh. ; *L. meridionalis*, Tem. ; *L. excubitor*, Lin.

FAMILLE VI.

CORVIDÉES. — CORVIDÆ (4).

Genre 9. — Cyanopie. — Cyanopica, Bonap.

PICA, Cook. — CYANOPOLIUS, Bonap. — CORVUS, Pall. — GARRULUS, Temm.

Caractères : Bec médiocre, droit, convexe, à bords tranchants, couvert à sa base de plumes sétacées ; narines oblongues. Ailes médiocres, dépassant à peine le croupion. Queue très-longue et étagée. Tarses comme chez les corbeaux ; doigt externe réuni au médian.

Comme on le voit, les Cyanopies ne diffèrent presque pas des Pies, auxquelles on les a généralement réunies. L'un des principaux caractères, qui a peut-être servi de base à la création du genre, se trouve dans la structure du nid. Celui-ci ne ressemble en rien au nid des Pies : il n'est pas couvert et il aurait beaucoup de rapports avec celui des Geais.

Ce genre est représenté en Europe par le *Cyanopica melanocephala*, Dub.

---

(1) Voy. Dubois, *loc. cit.*, p. XXXVI.

(2) Ibidem.

(3) Ajoutez : *Phoneus rufus*, Kaup ; *Lanius melanotis*, Breh.

(4) Voy. Dubois, *loc. cit.*, p. XXXVII.

Genre 10. — Pie. — Pica, Briss. (1)

CORVUS, Lin. — GARRULUS, Temm. — LANIUS, Nils.

Ce genre n'est aussi représenté chez nous que par une espèce : *Pica vulgaris*, Cuv.

Genre 11. — Geai. — Garrulus, Briss. (2).

CORVUS, Lin. — PERISOREUS, Bonap. — GLANDARIUS, Koch. — LANIUS, Nils.

Ce genre a pour représentants en Europe : *Garrulus glandarius*, Vieill. (3); *G. melanocephalus*, Géné; *G. iliceti*, Bran.; *G. minor*, Ver.; *G. infaustus*, Vieill.

Genre 12. — Corbeau. — Corvus, Lin. (4).

L'unique représentant en Europe est le *Corvus corax*, Lin. (5).

Genre 13. — Corneille. — Cornix, Gesn. (6).

CORONE et COLOEUS, Kaup. — CORVULTUR et FRUGILEGUS, Less. — CORVUS, Lin.

Espèces d'Europe : *Cornix cinerea*, Briss. (7); *C. nigra*, Kl. (8); *C. frugilega*, Ray. (9).

Genre 14. — Choucas. — Monedula, Breh. (10).

CORVUS, Lin. — LYCOS, Boie. — COLOEUS, Kaup.

Espèce unique pour l'Europe : *Monedula turrium*, Breh. (11)

---

(1) Voy. Dubois, *loc. cit.*, p. XXXVIII.
(2) Ibidem, p. XXXIX.
(3) Ajoutez à la syn. : *Lanius glandarius*, Nils.
(4) Voy. Dub., p. XXXIX.
(5) Ajoutez à la syn. : *Corvus clericus*, Sparr.; *C. leucophæas*, Vieill.
(6) Voy. Dub., p. XL.
(7) Ajoutez à la syn. : *Corvus cinereus*, Leach.; *Corone cornix*, Kaup.
(8) Ajoutez : *Corvus cornix*, Leach.
(9) Ajoutez : *Coloeus frugilegus*, Kaup.
(10) Voy. Dub., p. XLII.
(11) Ajoutez : *Coloeus monedula*, Kaup.; *Lycos monedula*, Boie.

Genre 15. — *Chocard* — *Pyrrhocorax*, Cuv.

CORVUS, Lin. — CORACIA, Briss. — GRACULUS, Koch. — FREGILUS, Cuv.

Caractères : Bec médiocre, comprimé, plus ou moins recourbé en dessus et légèrement échancré à la pointe ; narines ovoïdes, placées latéralement à la naissance du bec et cachées par des plumes sétacées. Ailes allongées, aiguës ; les quatrième et cinquième rémiges les plus longues. Queue arrondie. Tarses robustes, plus longs que le doigt médian ; doigts presque isolés ; ongles arqués et très-aigus.

Ces oiseaux ne diffèrent des *Fregilus* que par la forme du bec. Leurs mœurs et leur régime les placent naturellement parmi les corvidées.

Ce genre n'a, comme le précédent, qu'une seule espèce propre à l'Europe, c'est le *Pyrrhocorax alpinus*, Cuv.

Genre 16. — *Crave*. — *Fregilus*, Cuv. (1).

CORVUS, Lin. — CORACIA, Vieill. — PYRRHOCORAX, Temm.

L'unique espèce pour notre continent est le *Fregilus graculus*, Cuv.

Genre 17. — *Casse-noix*. — *Nucifraga*, Briss. (2).

CORVUS, Lin. — CARYOCATACTES, Cuv.

Espèce unique pour l'Europe : *Nucifraga caryocatactes*, Briss. (3).

FAMILLE VII.

CORACIADÉES. — CORACIADÆ (4).

Genre 18. — *Rollier*. — *Coracias*, Briss. (5).

CORVUS, Lin. — GRACULUS, Koch. — FREGILUS, Cuv. — GALGULUS, Vieill.

Espèce unique pour le continent : *Coracias garrula*, Briss. (6).

---

(1) Voy. Dubois, *loc. cit.*, p. XLII.

(2) Ibidem, p. XLIII.

(3) Ajoutez à la syn. : *Nucifraga brachyrhyncha* et *N. macrorhyncha*, Breh.

(4) Voy. Dub., p. XLIV.

(5) Ibidem, p. XLIV.

(6) Ajoutez à la syn. : *Corvus graculus*, Lin.; *C. docilis* et *C. eremita*, Gmel.; *C. coracias*, Lapeir.; *Fregilus graculus*, Cuv.; *F. europæus*, Less.; *F. erythropus*, Swains.; *Graculus eremita*, Koch.; *Pyrrhocorax graculus*, Tem.; *P. rupestris*, Breh.; *Coracias erythroramphos*, Vieill.; *C. gracula*, Gray.

FAMILLE VIII.

ORIOLIDÉES. — ORIOLIDÆ (1).

Genre 19. — *Loriot.* — *Oriolus,* Lin. (2).

TURDUS, Moeh. — GALBULA, Scop. — MIMETES, King. — MIMETA, Vig. — ANALCIPUS, Swains. — ARTAMIA, I. Geoff. — PSAROPHOLUS, Jard. — PHILOCARPUS, Mull. — ERYTHROLANIUS, Less.

L'espèce propre à l'Europe est l'*Oriolus galbula*, Lin.

FAMILLE IX.

STURNIDÉES. — STURNIDÆ (3).

Genre 20. — *Troupiale.* — *Agelaius,* Vieill.

ORIOLUS, Lin. — STURNUS, Wils. — ICTERUS, Bonap. — PSAROCOLIUS, Wagl.

Caractères : Bec droit, généralement plus long que la tête, plus ou moins robuste, gros à sa naissance, comprimé, dépourvu à son extrémité de toute échancrure; mandibule supérieure élevée, couvrant la base du front où elle est aplatie; narines latérales, placées dans une fossette, ouvertes ou fermées en partie par une membrane, non couvertes de plumes sétacées. Ailes médiocres, dépassant le croupion; première rémige plus courte que la deuxième et la troisième; cette dernière est la plus longue. Queue médiocre, arrondie. Tarses robustes, écussonnés; doigt médian uni à l'externe à sa naissance; ongles tranchants et aigus, celui du pouce assez long.

Les Troupiales sont généralement propres à l'Amérique, où ils vivent en grandes colonies. Ils nichent en société sur les arbres ou entre les roseaux et construisent leur nid avec beaucoup d'art. Leur nourriture consiste en insectes et en graines. Ils

---

(1) Voy. Dub., p. XLV.

(2) Ibidem, p. XLVI.

(3) Ibidem, p. XLVI.

occasionnent, par leur régime granivore, de grands dégâts dans les champs de maïs et autres, et compromettent même parfois gravement les récoltes.

L'*Agelaius phœniceus*, Vieill., s'est montré accidentellement en Grande-Bretagne.

Genre 21. — Étourneau. — Sturnus, Lin. (1).

Ce groupe a pour représentants en Europe : *Sturnus vulgaris*, Lin. (2) et *S. unicolor*, d. l. Marm.

Genre 22. — Sturnel. — Sturnella, Vieill.

CACICUS, Daud. — ALAUDA, Lin.

Caractères : Bec long, étroit, à extrémité obtuse et comprimée latéralement ; narines latérales, placées dans une fossette couverte en partie par une membrane. Ailes médiocres ; première rémige plus courte que les trois suivantes qui sont d'égale longueur. Tarses aussi longs que le doigt médian, robustes, écussonnés antérieurement ; doigts longs, l'interne plus long que l'externe, qui est uni par une petite membrane au médian ; ongles courbés et très-aigus.

Les espèces de ce genre habitent l'Amérique, où elles fréquentent les prairies et les plaines découvertes. Leur nourriture consiste en graines, insectes et larves ; en hiver on les voit souvent dans les plantations de riz et quelquefois dans les potagers et près des habitations. Leur vol est laborieux et soutenu.

Leur nid est bâti à l'aide d'herbes sèches agglutinées ; l'ouverture est tournée vers le sol. La ponte est de quatre à cinq œufs.

Ce genre est représenté en Europe par le *Sturnella collaris*, Vieill., qui s'est montré accidentellement en Angleterre.

Genre 23. — Martin. — Pastor, Temm. (3).

STURNUS, Lin. — MERULA, Briss. — GRACULA, Cuv. — ACRIDOTHERES, Ranz. — PSAROIDES, Vieill — THREMMAPHILUS, Macg. — BOSCIS, Breh. — NOMADITES, Peten.

Espèce unique pour l'Europe : *Pastor roseus*, Temm. (4).

---

(1) Voy. Dubois, p. XLVII.

(2) Ajoutez à la syn. : *Sturnus guttatus*, Macg. ; *S. solitarius*, Leach. ; *S. domesticus*, *S. sylvestris*, *S. nitens* et *S. septentrionalis*, Brch.

(3) Voy. Dub., p. XLVIII.

(4) Ajoutez à la syn. : *Thremmaphilus roseus*, Macg.

FAMILLE X.

TURDIDÉES. — TURDIDÆ (1).

Genre 24. — Grive. — Turdus, Lin. (2).

MERULA, Briss. — OREOCINCLA, Gould. — ARCEUTHORNIS, IXOCOSSYPHUS, COPSICHUS et CICHLOIDES, Kaup. — MONTICOLA et PETROCOSSYPHUS, Boie. — PETROCINCLA, Vig. — OROCETES, Gray. — PETROPHILA, Swains. — GEOCICHLA, Kuhl.

Ce genre est richement représenté en Europe, où l'on observe : *Turdus aureus*, Hol. (3) ; *T. viscivorus*, Lin. (4) ; *T. pilaris*, Lin. (5) ; *T. fuscatus*, Pall. ; *T. ruficollis*, Pall. ; *T. migratorius*. Lin. ; *T. sibiricus*, Pall. ; *T. felivox*, Bonap. ; *T. Naumanni*, Temm. ; *T. musicus*, Lin. (6) ; *T. pallidus*, Lath. ; *T. minor*, Gmel. ; *T. Wilsonii*, Bonap. ; *T. solitarius*, Wils. ; *T. iliacus*, Lin. (7) ; *T. olivaceus*, Lin. ; *T. merula*, Lin. (8) ; *T. atrigularis*, Tem. ; *T. torquatus*, Lin. (9) ; *T. polyglottus*, Lin.

Genre 25. — Orphée. — Orpheus, Swains.

TURDUS, Lin. — MIMUS, Boie

Caractères : Bec relativement un peu plus élevé et la mandibule supérieure plus courbée que dans le genre Grive ; narines plus en avant que chez ces dernières, garnies de plumes sétacées très-distinctes. Ailes relativement plus courtes, ne dépassant le croupion que de fort peu. Queue très-longue mais pas large. Tarses et doigts comme chez les Grives, mais relativement plus robustes ; ongles plus courts, moins courbés.

Mœurs, régime et propagation comme chez les Grives.

(1) Voy. Dubois, p. XLVIII.
(2) Ibidem, p. XLIX.
(3) Ajoutez à la syn. : *Turdus Dauma*, Lath. ; *T. varius seu Whitei*, Temm.
(4) Ajoutez : *Turdus major* et *T. arboreus*, Breh. ; *Ixocossyphus viscivorus*, Kaup.
(5) Ajoutez : *Turdus subpilaris* et *T. juniperorum*, Breh. ; *Arceuthornis pilaris*, Kaup.
(6) Ajoutez : *Turdus philomelos*, Breh. ; *T. pillaris*, Pall.
(7) Ajoutez : *Turdus betularum* et *T. vinctorum*, Breh.
(8) Ajoutez : *Merula merula*, Boie ; *M. pinetorum*, *M. alticeps* et *M. carinolica*, Breh.
(9) Ajoutez : *Copsichus torquatus*, Kaup. ; *Merula alpestris*, Breh.

L'unique espèce de ce genre qui s'est montrée en Europe est l'*Orpheus rufus*, Swains, figuré planche 51 sous le nom de *Turdus rufus*.

Genre 26. — *Turdoïde.* — *Ixos*, Temm.

HÆMATORNIS, Less.

Caractères : Bec plus court que la tête, comprimé, fléchi dès sa base, à extrémité courbée et un peu échancrée ; base du bec munie de plumes sétacées ; narines basales, latérales, ovoïdes, à moitié fermées par une membrane. Ailes courtes, arrondies ; première rémige, courte ; deuxième, troisième et quatrième, étagées ; quatrième, cinquième et sixième, les plus longues. Queue médiocre, arrondie. Tarses plus courts que le doigt médian, faibles ; doigt externe soudé par sa base ; ongles courts et grêles.

Les espèces de ce genre habitent pour la plupart l'Afrique et les îles de l'archipel des Indes. Elles se tiennent soit dans les plaines, soit dans les pays montagneux ; on en trouve même une qui vit sur les montagnes à plus de huit mille pieds d'élévation.

Les Turdoïdes se tiennent généralement par couple ou en famille, mais rarement en troupe nombreuse ; ils fréquentent en général les arbres et les arbrisseaux qui portent des baies, dont ils font en quelque sorte leur unique nourriture ; il est rare de les voir prendre des insectes ou des larves.

Ce genre est représenté en Europe par *l'Ixos obscurus*, Temm.

Genre 27. — *Pétrocincle.* — *Petrocincla*, Vig. (1).

TURDUS, Lin. — PETROCOSSYPHUS, Boie. — SAXICOLA, Bechst.

Espèces propres à l'Europe : *Petrocincla saxatilis*, Vig. (2); *P. cyanea*, Vig.

Genre 28. — *Motteux.* — *Saxicola*, Bechst. (3).

MOTACILLA, Lin. — VITIFLORA, Leach. — ŒNANTHE, Vieill. — CAMPICOLA, Swains.

Espèces d'Europe : *Saxicola cinerea*, Dub. (4) ; *S. orientalis*, Brch. ; *S. leucura*,

---

(1) Voy. Dubois, p. L.

(2) Ajoutez à la syn. : *Turdus saxatilis*, Gmel.; *Petrocossyphus Goureyi* et *P. polyglottus*, Brch.; *Petrocichla saxatilis*, Keys et Blas.; *Monticola saxatilis*, Boie.

(3) Voy. Dub., p. LI.

(4) Ajoutez à la syn. : *Motacilla vitiflora*, Pall.; *Vitiflora septentrionalis*, Brch.

Keys. et Blas.; *S. leucomelæna*, Temm.; *S. atrogularis*, Dub.; *S. aurita*, Temm.

Genre 29. — Traquet. — *Pratincola*, Koch. (1).

MOTACILLA, Lin. — SYLVIA, Lath. — RUBETRA, Briss. — FRUTICICOLA, Macg. — SAXICOLA, Bechst. — ŒNANTHE, Vieill. — CURRUCA, Leach.

Espèces européennes : *Pratincola rubetra*, Hoch. (2) ; *P. rubicola*, Hoch. (3).

FAMILLE XI.

SYLVIADÉES. — SYLVIADÆ (4).

Genre 30. — Rouge-queue. — *Ruticilla*, Briss. (5).

MOTACILLA, Lin. — SYLVIA, Lath. — FICEDULA, Boie. — PHŒNICURA, Swains. — LARVIVORA, Hodgs. — CINCLIDIUM, Blyth. — LUSCIOLA, Keys. et Bl.

Espèces européennes : *Ruticilla phœnicura*, Bonap. (6) ; *R. atrata*, Dub. (7) ; *R. aurora*, Breh. ; *R. erythrogaster*, Breh. ; *R. Cairii*, Gerb.; *R. Moussieri*, Trist.

Genre 31. — Rubiette. — *Erythacus*, Cuv. (8).

MOTACILLA, Lin. — LUSCINIA, RUBECULA et CYANECULA, Breh. — DANDALUS, Boie. — PANDICILLA, Bl. — PHILOMELA, Selb — LUSCIOLA et MELODES, Keys. et Blas. — CALLIOPE, Gould.

Espèces propres à l'Europe : *Erithacus cyanecula*, Cuv. (9) ; *E. obscura*, Dub. ;

(1) Voy. Dubois, p. LII.

(2) Ajoutez à la syn. : *Curruca rubetra*, Leach.; *Saxicola pratorum*, *S. septentrionalis* et *S. crampes*, Breh.; *Fruticicola rubetra*, Macg.

(3) Ajoutez : *Curruca rubicola*, Leach.; *Saxicola fruticeti*, *S. media* et *S. tytis*, Breh.; *Fruticicola rubicola*, Macg.

(4) Voy. Dub., p. LII.

(5) Ibidem, p. LIII.

(6) Ajoutez : *Motacilla phœnicurus*, Lin.; *Sylvia phœnicurus*, Lath.; *Ruticilla sylvestris*, *R. arborea* et *R. hortensis*, Breh.; *Lusciola phœnicurus*, Keys. et Blas.; *Phœnicura ruticilla* et *P. muraria*, Swains.; *P. albifrons*, Bl.; *Ficedula ruticilla*, Eyt.

(7) Ajoutez : *Phœnicura tithys*, Jard. et Selb.; *Ficedula tithys*, Boie; *Ruticilla atra*, Breh.

(8) Voy. Dub., p. LIV.

(9) *Ruticilla cyanecula*, Macg.

E. Wolfii, Dub. (1); *E. suecica*, Degl. (2); *E. ignigularis*, Dub.; *E. rubecula*, Macg. (3); *E. luscinia*, Cuv. (4); *E. philomela*, Degl.

Genre 32. — Accenteur. — *Accentor*, Bechst. (5).

MOTACILLA, L. — STURNUS, Gm. — CURRUCA, Briss. - SYLVIA, Lath. — BRUNELLA, Vieill. — LAISCOPUS, Glog — SPERMOLEGUS, THARRHALEUS, Kaup.

Espèces européennes : *Accentor alpinus*, Bechst. ; *A. modularis*, Bechst. (6); *A. montanellus*, Temm.

Genre 33. — Fauvette. — *Sylvia*, Lath (7).

MOTACILLA, Lin. — CURRUCA, Briss. — MONACHUS, EPILAIS, THAMNODUS, ERYTHROLEUCA, ADOPHONEUS et SIBILATRIX. Kaup. — MELIZOPHILUS, Leach. — STAPAROLA, PYROPHTHALMA, NISORIA, Bonap. — ADORNIS, Gray. - PHYLLOPNEUSTE, Mey. et Wolf. — ASILUS, Moeh — HIPPOLAIS, Breh. — PHYLLOSCOPUS, Boie. — NEORNIS, Hod. — CHLOROPETA, Sm.

Espèces d'Europe : *Sylvia atricapilla*, Lath. (8) ; *S. orphea*, Temm. ; *S. nisoria*, Bechst. ; *S. hortensis*, Lath. (9) ; *S. cinerea*. Lath. (10); *S. garrula*, Bechst. (11); *S. melanocephala*, Breh.; *S. Ruppellii*, Tem.; *S. subalpina*, Bon.; *S. conspicillata*, Marm. ; *S. sarda*, Marm. ; *S. provincialis*, Temm.

---

(1) *Cyanecula Wolfii*, Breh.

(2) *Phœnicura suecica*, Swains. ; *Saxicola suecica*, Koch.; *Ficedula suecica*, Boie; *Cyanecula leucocyanea*, Breh.; *Lusciola suecica*, Keys et Blas.

(3) *Dandalus pinetorum*, *D. foliorum* et *D. septentrionalis*, Breh.; *Lusciola rubecula*, Schleg.; *Curruca rubecula*, Leach.

(4) *Philomela luscinia*, Eyt.; *Luscinia media*, *L. Okenii* et *L. peregrina*, Breh.

(5) Voy. Dub., p. LV.

(6) Ajoutez : *Tharrhaleus modularis*, Kaup.; *Curruca Eliotæ*, Leach.; *Accentor pinetorum*, Breh.

(7) Voy. Dub., p. LVI.

(8) Ajoutez à la syn. : *Curruca pileata*, Breh.; *Monachus atricapillus*, Kaup.; *Philomela atricapilla*, Swains.; *Sylvia ruficapilla*, Swains.

(9) Ajoutez à la syn. : *Motacilla borin*, Bodd.; *Curruca brachyrhyncha*, *C. grisea*, Breh.; *Epilais hortensis*, Kaup.; *Adornis hortensis*, Gray.

(10) Ajoutez à la syn. : *Curruca cineraria* et *C. caniceps*, Breh.; *Sylvia cineraria*, Bechst.

(11) Ajoutez à la syn. : *Motacilla dumetorum*, Gmel.; *Curruca sylviella*, Flem.; *C. dumetorum* et *C. molaria*, Breh.; *Sylvia leucopogon*, Keck.

Genre 34. — Troglodyte. — Troglodytes, Vieill. (1).

MOTACILLA, Lin. — FICEDULA, Boie. — ANORTHURA, Renn. — THRIOTHORUS, Vieill.

Ce genre n'est représenté sur notre continent que par une seule espèce : *Troglodytes vulgaris,* Flem. (2).

Genre 35. — Bec-fin. — Ficedula, Briss. (3).

MOTACILLA, Lin. — SYLVIA, Lath. — REGULUS, Cuv. — PHYLLOPNEUSTE, Mey. — PHYLLOSCOPUS, Boie. — PHYLLOPSEUSTES, Glog. — SYLVICOLA, Eyt.

Espèces européennes : *Ficedula rufa*, Koch. (4) ; *F. Nattereri*, Dub. ; *F. fitis,* Koch. (5) ; *F. sylvicola*. Dub. (6).

Genre 36. — Sylvicole. — Sylvicola, Swains.

MOTACILLA, Gmel. — SYLVIA, Lath.

Caractères : Bec légèrement conique, droit, assez élevé, la mandibule supérieure à peine un peu fléchie, extrémité légèrement échancrée; narines placées près du bord inférieur de la fossette nasale, qui est courte. Ailes aiguës, atteignant le plus souvent le milieu de la queue; première rémige presque aussi longue que la deuxième, la troisième la plus longue Queue en général peu allongée, le plus souvent courte. Tarses médiocres, grêles; doigts armés d'ongles légèrement courbés.

Ce genre me paraît peu caractéristique et je pense qu'il serait plus convenable de le fusionner avec les *Sylvia,* comme l'ont fait beaucoup d'ornitologistes ; si je le mentionne ici, c'est simplement parce que mon père l'a adopté d'après l'exemple de plusieurs ornithologistes. Le genre *Sylvicola* a été créé principalement pour des espèces propres à l'Amérique ; or, en comparant le *S. atrigularis* Dub. avec la plupart des espèces américaines, les *S. speciosa* et *venusta* par exemple, je

---

(1) Voy. Dub., p. LVII.

(2) Ajoutez à la syn. : *Anorthura troglodytes*, Macg.; *Troglodytes domesticus* et *T. sylvestris*, Breh.

(3) Voy. Dub., p. LVII.

(4) Ajoutez à la syn. : *Regulus hippolais*, Flem.; *Phyllopneuste hippolais*, Macg.; *Phylloscopus rufus*, Kaup. ; *Sylvicola rufa*, Eyt.

(5) Ajoutez à la syn. : *Motacilla acredula*, Lin.; *Phyllopneuste acredula*, Breh.; *Phylloscopus trochilus*, Boie; *Sylvicola trochilus*, Eyt.; *Ficedula trochilus*, Keys et Bl.

(6) Ajoutez à la syn. : *Curruca sibilatrix*, Flem.; *Phyllopneuste megarhynchos*, Breh.; *Regulus sylvicolus*, Steph.; *Sylvicola sibilatrix*, Eyt.; *Ficedula sibilatrix*, Koch.

m'aperçois qu'il en diffère sous plusieurs rapports. Chez les espèces typiques du genre, les ailes atteignent le milieu de la queue et celle-ci est plutôt courte que longue. Chez l'espèce qui se montre en Europe, c'est le contraire qu'on observe.

Genre 37. — Hippolais. — Hippolais, Breh. (1).

MOTACILLA, Lin. — SYLVIA, Lath. — FICEDULA, Briss. — CHLOROPETA, Smith. MUSCICAPOIDES, Selys.

Espèces d'Europe : *Hippolais salicaria*, Bonap.; *H. polyglotta*, Sel.; *H. pallida*, Ehrenb. ; *H. olivetorum*, v. d. Müh.; *H. elaeica*, Gerb.

Genre 38. — Agrobate. — Agrobates, Swains.

ÆDON, Boie. — ERYTHROPYGIA, Smith. — SALICARIA, Keys. et Bl.

Caractères : Bec comprimé dans toute son étendue, presque aussi haut que large à la limite du front, plus haut que large dans le reste de son étendue ; bords des mandibules dessinant une ligne courbe ; mandibule supérieure très-fléchie à la pointe, à échancrure peu visible ; narines ovalaires. Ailes médiocres, sub-aiguës. Queue ample, assez longue, arrondie. Tarses robustes, plus longs que le doigt médian ; doigts courts, épais ; ongles faibles, celui du pouce peu recourbé et plus court que ce doigt.

Les Agrobates sont des oiseaux qui recherchent de préférence les endroits secs et élevés et qui se tiennent habituellement sur les arbres. Ils se nourrissent d'insectes, de larves et de vers. La nidification se fait sur les arbres ou dans les broussailles ; la ponte est de quatre à six œufs.

Ont été observés en Europe : *Agrobates rubiginosus*, Dub.; *A. familiaris*, Breh.

Genre 39. — Rousserolle. — Calamoherpe, Boie (2).

MOTACILLA, Lin. — SYLVIA, Lath. — SALICARIA, Selb. — MUSCIPETA, Koch. — AGROBATES, Jerd. — DUMETICOLA, Blyth. — CALAMODYTA, Mey. — ÆDON, Boie. — CISTICOLA, Less. — LOCUSTELLA, CALAMODUS, Kaup. — CETTIA, LUSCINIOPSIS, Bonap. — ACROCEPHALUS, Naum. — IDUNA, Key. et Blas, etc.

Espèces européennes : *Calamoherpe locustella*, Boie (3); *C. luscinoides*, Dub.;

---

(1) Voy. Dub., p. LVIII.

(2) Ibidem, p. LIX.

(3) Ajoutez à la syn. : *Calamodyta locustella*, Gray.; *Curruca locustella*, Steph.; *Locustella avicula*, Ray.; *Acrocephalus fluviatilis*, Naum.; *Sibilatrix locustella*, Macg.

C. obscurocapilla, Dub.; *C. arundinacea*, Boie (1); *C. turdina*, Hom.; *C. palustris*, Boie; *C. phragmitis*, Boie (2); *C. aquatica*, Boie; *C. melanopogon*, Bonap.; *C. cetti*, Boie; *C. caligata*, Degl.; *C. certhiola*, Boie; *C. cysticola*, Dub.

FAMILLE XII.

PARIDÉES. — PARIDÆ (3).

Genre 40. — Calamophile. — *Calamophilus*, Leach. (4).

PARUS, Lin. — PAROIDES, PANURUS, Koch. — MYSTACINUS, ÆGITHALUS, Boie. — HYPENITES, Gl.

Espèce unique pour l'Europe; *Calamophilus barbatus*, Keys. et Bl. (5).

Genre 41. - Egithale. - *Ægithalus*, Vig.

PARUS, Lin. — PAROIDES, Koch. — PENDULINUS, Breh. — XANTHORNUS, Pall.

Caractères : Bec médiocre, effilé, aigu ; narines basilaires, latérales, cachées par les plumes frontales. Ailes assez courtes ; première rémige très-courte, deuxième aussi longue que les deux suivantes qui sont égales en longueur. Queue médiocre, assez large, peu échancrée. Tarses aussi longs que le doigt médian, écussonnés antérieurement ; doigts médiocres, les latéraux presque égaux, l'externe réuni au médian par la base, le postérieur long; ongles longs, aigus.

Ce genre est peu caractéristique, et c'est avec raison que beaucoup d'ornithologistes l'ont confondu avec le genre Mésange. D'autres naturalistes ont réuni sous la dénomination générique de *Paroides*, les Calamophiles et les Egithales.

L'unique représentant en Europe est l'*Ægithalus pendulinus*, Boie.

---

(1) Ajoutez à la syn. : *Sylvia palustris*, Bechs.; *Calamodyta strepera*, Gray.; *Calamoherpe arbu·torum*, Boie.

(2) Ajoutez à la syn. : *Motacilla salicaria*, Lin.; *Curruca salicaria*, Steph.; *C. phragmitis*, Swains.; *Acrocephalus phragmitis*, Naum.; *Calamodus phragmitis*, Kaup.; *Calamoherpe tritici*, *C. schœnobænus* et *C. subphragmitis*, Breh.

(3) Voy. Dub., p. LX.

(4) Ibidem, p. LX.

(5) *Paroides biarmicus*, Gray.; *Lanius biarmicus*, Brün.; *Parus barbatus*, Briss.; *P. russicus*, Gmel.; *AEgithalus biarmicus*, Boie; *Mystacinus russicus*, *M. arundinaceus* et *M. dentatus*, Breh.

Genre 42. — *Mecisture.* — *Mecistura*, Leach. (1).

PARUS, Lin. — PAROIDES, Breh. — ACREDULA, Koch. — ORITES, Moeh. — ÆGITHALUS, Boie.

Ce genre n'a également qu'un représentant en Europe : *Mecistura longicauda*, Dub. (2).

Genre 43. — *Mésange.* — *Parus*, Lin. (3).

CYANISTES, LOPHOPHANES et POECILLA, Kaup. — MELANOCHLORA, Less. CRATAIONYX, Eyt. — PSALTRIA, Temm.

Espèces propres à l'Europe : *Parus palustris*, Lin. (4) ; *P. sibirica*, Gmel.; *P. lugubris*, Natt.; *P. cristatus*, Lin. (5); *P. abietinum*, Breh. (6); *P. major*, Lin. (7) ; *P. cæruleus*, Lin. (8); *P. cyanus*, Pall.

Genre 44. — *Roitelet.* — *Regulus*, Cuv. (9).

MOTACILLA. Lin — SYLVIA, Lath. — REGULOIDES, PHYLLOSCOPUS, Blyth. — ABRORNIS, HORORNIS, Hogds.

La planche 83 représente, sous le nom de *Phylloscopus Pallasii*, Dub., une espèce de roitelet qui est trop peu caractéristique pour fournir un genre spécial ; aussi mon père l'a-t-il placé plus tard (1865) parmi les *Regulus*, dans son *Catalogue systématique des oiseaux de l'Europe* (voir p. 8 de ce catalogue).

Espèces européennes : *Regulus vulgaris*, Leach. (10); *R. ignicapillus*, Naum. (11); *R. calendula*, Licht; *R. modestus*, Gould (*Phylloscopus Pallasii*, Dub.).

---

(1) Voy. Dub., p. LXI.

(2) Ajoutez à la syn. : *Lanius caudatus* et *L. biarmicus*, Lin.; *Orites caudata*, Moeh.; *Acredula caudata*, Koch.; *Paroides caudatus*, Breh.; *AEgithalus caudatus*, Boie; *Mecistura vagans*, Leach.; *M. caudata*, Bonap.; *M. longicaudata*, Macg.; *M. rosea*, Bl.

(3) Voy. Dub., p. LXI.

(4) Ajoutez à la syn. : *Pœcilla palustris*, Kaup.; *Parus salicaria*, Breh.

(5) Ajoutez : *Lophophanes cristatus*, Kaup.

(6) Ajoutez : *Poecilla ater*, Kaup.

(7) Ajoutez : *Parus robustus*, Breh.

(8) Ajoutez : *Cyanistes cæruleus*, Kaup.; *Parus cærulescens*, Breh.

(9) Voy. Dub., p. LXIII.

(10) Ajoutez: *Regulus auricapillus*, Selby ; *R. septentrionalis* et *R. chrysocephalus*, Breh.

(11) Ajoutez : *Regulus Nilsonii* et *R. brachyrhynchus*, Breh.

FAMILLE XIII.

MOTACILLIDÉES. — MOTACILLIDÆ (1).

Genre 45. — Hoche-queue. — Motacilla, Lin. (2)

FICEDULA, Briss. — BUDYTES, Cuv. — PALLENURA, CALOBATES, Kaup.

Espèces propres à l'Europe : *Motacilla cinerea*, Lin. (3); *M. lugubris*, Tem. (4); *M. lugens*, Licht.; *M. boarula*, Pen. (5); *M. citreola*, Pall.; *M. flava*, Lin. (6); *M. cinereocapilla*, Sav.; *M. melanocephala*, Licht.; *M. flaveola*, Temm. (7).

Genre 46. — Pipi. — Anthus, Bechst. (8).

MOTACILLA, Pall. — ALAUDA, Lin. — CORIDALLA, Vig. — AGRODROMA, Swains. — PIPASTES, LEIOMONIPTERA, Kaup. — SPIPILA, Leach.

Espèces propres à l'Europe : *Anthus aquaticus*, Bechst. (9); *A. rupestris*, Wils. (10); *A. Richardii*, Vieill.; *A. campestris*, Bechst; *A. pratensis*, Bechst (11); *A. pensylvanicus*, Briss.; *A. rufigularis*, Breh.; *A. arboreus*, Bechst. (12).

(1) Voy. Dub., t. II, p. LXXIII.

(2) Ibidem, p. LXXIII.

(3) Ajoutez à la syn. : *Motacilla albeola*, Pall.; *M. septentrionalis*, *M. sylvestris* et *M. brachyrhynchos*, Breh.; *M. Brissonii*, Macg.

(4) Ajoutez à la syn. : *Motacilla alba*, Flem.

(5) Ajoutez à la syn. : *Budytes boarula*, Eyt.; *Calobates sulphurea*, Kaup.; *Motacilla cinerea*, Leach.; *M. montium*, Breh.

(6) Ajoutez à la syn. : *Budytes boarula*, Breh.; *B. Gouldii*, Macg.; *Motacilla flaveola*, Pall.; *M. boarula*, Lin.; *M. Feldseggi*, Mich.; *M. cinereocapilla*, Sav.; *M. melanocephala*, Licht.

(7) *Budytes flava*, Eyt.; *Motacilla flava*, Ray.

(8) Voy. Dub., t. II, p. LXXIV.

(9) Ajoutez à la syn. : *Alauda rubra* et *A. ludoviciana*, Gmel.; *A. rufa*, Wils.; *Anthus ludovicianus*, Licht.

(10) Ajoutez à la syn. : *Spipila obscura*, Leach.; *Anthus montanus*, Koch.; *A. spinoletta*, Bonap.

(11) Ajoutez à la syn. : *Alauda trivialis*, Lin.; *A. mosellana*, Gmel.; *Spipila pratensis*, Leach.; *Leimoniptera pratensis*, Kaup.

(12) Ajoutez à la syn. : *Alauda turdinæ*, Scop.; *Pipastes arboreus*, Kaup.; *Anthus foliorum*, *A. juncorum*, *A. herbarum*, Breh.

FAMILLE XIV.

ALAUDIDÉES. — ALAUDIDÆ (1).

Genre 47. — Certhalouette. — Certhilauda, Swains.

Caractères : Bec allongé, les mandibules courbées; narines basilaires, latérales, arrondies, couvertes par une membrane. Ailes longues; première rémige courte, troisième, quatrième et cinquième presque égales en longueur. Tarses beaucoup plus longs que le doigt médian, grêles; doigts médiocres, les latéraux égaux; ongle du postérieur plus ou moins allongé et aigu.

Ces oiseaux habitent les déserts et les plaines de sable du sud et du nord de l'Afrique et se montrent accidentellement en Europe. Leur vie est solitaire. Ils se nourrissent d'insectes, de larves et de vers.

Les mœurs des Certhalouettes ont beaucoup de rapport avec celles des *Alauda*; c'est peut-être pour cette raison que plusieurs ornithologistes les ont réunies aux Alouettes dans un même genre.

Espèces européennes : *Certhilauda Dupontii*, Bonap.; *C. bifasciata*, Bonap.

Genre 48. — Alouette. — Alauda, Lin. (2).

PHILEREMOS, Breh. — EREMOPHILLA, GALERIDA, Boie. — CALANDRELLA, LULLULA, Kaup. — CALENDULLA, Swains. — ERANA, Gray. — HETEROPS, Hodgs.

Espèces propres à l'Europe : *Alauda alpestris*, Lin. (3); *A. cristata*, Lin. (4); *A. arborea*, Lin. (5); *A. arvensis*, Lin. (6); *A. cantarella*, Bonap.; *A. calandrella*, Sav. (7); *A. isabellina*, Temm.

---

(1) Voy. Dub., t. II, p. LXXIV.

(2) Ibidem, t. II, p. LXXV.

(3) Ajoutez à la syn. : *Eremophila cornuta*, Boie; *Alauda cornuta*, Swains.; *A. chrysolæma*, Wagl.

(4) Ajoutez à la syn. : *Galerida viarum*, Breh.; *G. undata*, Boie; *Lullula cristata*, Kaup.

(5) Ajoutez à la syn. : *Lullula arborea*, Kaup.; *Galerida nemorosa*, Breh.

(6) Ajoutez à la syn. : *Alauda cœlipeta*, Pall.; *A. segetum*, *A. montana*, Breh.

(7) Ajoutez à la syn. : *Melanocorypha itala*, Breh.; *Calandrella brachydactyla*, Kaup.; *Alauda pispoletta*, Pall.; *A. calandrella*, Bon.

Genre 49. — Calandre. — *Calandra*, Gesn. (1).

ALAUDA, Lin. — MELANOCORYPHA, Boie. — SAXILAUDA, Less.

On rencontre en Europe : *Calandra bimaculata*, Dub.; *C. nigra*, Dub.; *C. leucoptera*, Dub.

FAMILLE XV.

FRINGILLIDÉES. — FRINGILLIDÆ (2).

Genre 50. — Plectrophane. — *Plectrophanes*, Mey. (3).

PASSERINA, Vieill. — CENTROPHANES, Kaup. — EMBERIZA, Lin. — HORTULANUS, Leach.

On trouve en Europe : *Plectrophanes calcaratus*, Mey. (4); *P. nivalis*, Mey. (5).

Genre 51. — Bruant. — *Emberiza*, Lin. (6).

FRINGILLA, Lin. — CYNCHRAMUS, Boie. — MILIARIA, Breh. — EUSPIZA, SCHOENICOLA, Bonap. — CIA, CITRINELLA, OROSPINA, CIRLUS et SPINA, Kaup. — SPINUS, Moehr.

On trouve en Europe : *Emberiza miliaria*, Lin. (7); *E. citrinella*, Lin. (8); *E. hortulana*, Lin.; *E. cirlus*, Lin.; *E. cia*, Lin.; *E. melanocephala*, Scop.; *E. oryzivora*, Sch.; *E. aureola*, Pall.; *E. chrysophrys*, Pall.; *E. rufibarba*, Ehr. et Hemp.; *E. striolata*, Temm.; *E. leucocephala*, Gmel.; *E. rustica*, Pall.; *E. pusilla*, Pall.; *E. schœniclus*, Lin.; *E. palustris*, Sav.

---

(1) Voy. Dub., t. II, p. LXXVI.

(2) Ibidem, p. LXXVI.

(3) Ibidem, p. LXXVI.

(4) Ajoutez à la syn. : *Fringilla calcarata*, Pall.; *Centrophanes lapponica*, Kaup.

(5) Ajoutez à la syn. : *Hortulanus glacialis*, *H. montanus*, Leach.; *Plectrophanes borealis*, *P. montanus*, *P. mustelinus*, Breh.

(6) Voy. Dub., t. II, p. LXXVII.

(7) Ajoutez à la syn. : *Miliaria septentrionalis* et *M. peregrina*, Breh.

(8) Ajoutez à la syn. : *Emberiza sylvestris* et *E. septentrionalis*, Breh.

Genre 52. — Moineau. — Passer, Briss. (1).

FRINGILLA, Lin. — PYRGITA, Cuv. — PETRONIA, Kaup. — LOXIA, Gmel.

Espèces propres à l'Europe : *Passer campestris*, Briss. (2); *P. domesticus*, Briss. (3); *P. cisalpinus*, Breh.; *P. hispaniolensis*, Degl.; *P. petronia*, Koch.

Genre 53. — Verdier. — Ligurinus, Koch. (4).

LOXIA, Lin. — FRINGILLA, Temm. — COCCOTHRAUSTES, Cuv. — LINARIA, Breh. — CHLORIS, Briss. — CHLOROSPIZA, Bonap.

Ce genre n'a qu'un représentant en Europe : *Ligurinus chloris*, Koch. (5).

Genre 54. — Serin. — Serinus, Koch. (6).

FRINGILLA, Tem. — PYRRHULA, Degl. — DRYOSPIZA, Keys. et Bl.

On trouve en Europe : *Serinus flavescens*, Gould; *S. desertorum*, Dub.; *S. aurifrons*, Dub.; *S. longicauda*, Dub.

Genre 55. — Carpodaque. — Carpodacus, Kaup.

LOXIA, Gmel. — FRINGILLA, Tem. — COCCOTHRAUSTES, Vieill. — HOEMORRHOUS, Swains. — ERYTHRINA. ERYTHROTHORAX, Breh.

Caractères : Bec court, conique, large à sa base, légèrement recourbé à la pointe ; narines basilaires, latérales, cachées par les plumes frontales. Ailes longues et pointues ; première rémige un peu plus courte que la deuxième et la troisième qui est la plus longue. Tarses plus courts que le doigt médian et robustes ; doigts médiocres, les latéraux inégaux ; ongles courts et courbés (7).

Espèces d'Europe : *Carpodacus erythrinus*, Gray ; *C. roseus*, Kaup.

---

(1) Voy. Dub., t. II. p. LXXIX.

(2) Ajoutez à la syn. : *Loxia hamburgia*, Gmel.; *Pyrgita septentrionalis*, Breh.; *Passer hamburgensis*, Leach.

(3) Ajoutez à la syn. : *Pyrgita pagorum*, *P. rustica*, Breh.

(4) Voy. Dub., p. LXXX.

(5) Ajoutez à la syn. : *Serinus chlorus*, Boie; *Chloris pinetorum*, *C. hortensis* et *C. septentrionalis*, Breh.

(6) Voy. Dub., t. II, p. LXXXI.

(7) Ibidem.

Genre 56. — Erythrospize. — *Erythrospiza*, Bonap.

LOXIA, Gmel. — CARPODACUS, Kaup. — STROBILOPHAGA, Vieill. — FRINGILLA, Licht. — COCCOTHRAUSTES, Nordm. — PYRRHULA, Pall.

Les oiseaux placés dans ce genre, ne se distinguent presque en aucune façon des Carpodaques ; les caractères qui les différencient de ces derniers, sont trop insignifiants pour être pris en considération ; aussi, la généralité des ornithologistes n'ont pas cru devoir adopter ce genre créé par le prince Bonaparte. Si je le mentionne ici, c'est simplement parce que mon père l'a adopté pour les deux espèces européennes suivantes :

Erythrospiza phœnicoptera, Bonap.; *E. caucasica*, Dub.

Genre 57. — Bec-croisé. — *Crucirostra*, Cuv. (1).

LOXIA, Lin. — CURVIROSTRA, Scop. — CERVIROSTRA, Breh.

On rencontre en Europe : *Crucirostra pytiopsittacus*, Breh.; *C. vulgaris*, Steph. (2); *C. bifasciata*, Breh. (3).

Genre 58. — Dur-bec. — *Corythus*, Cuv. (4).

LOXIA, Lin. — FRINGILLA, Temm. — PYRRHULA, Briss. — PINICOLA, STROBILOPHAGA, Vieill. — DENSIROSTRA, Wood.

Ce genre n'offre qu'une espèce européenne : *Corythus enucleator*, Cuv. (5)

Genre 59. — Gros-bec. — *Coccothraustes*, Briss. (6).

LOXIA, Lin. — FRINGILLA, Temm.

Ce genre n'a également qu'un représentant en Europe : *Coccothraustes vulgaris*, Steph.

---

(1) Voy. Dub., t. II, p. LXXXII.
(2) Ajoutez à la syn. : *Loxia europæa*, Macg.; *Crucirostra europæa*, Leach.; *C. abietina*, Mey.
(3) Ajoutez à la syn. : *Loxia curvirostra*, Naum.
(4) Voy. Dub., t. II, p. LXXXIII.
(5) Ajoutez à la syn. : *Corythus angustirostris*, Breh.
(6) Voy. Dub., t. II, p. LXXXIII.

Genre 60. — *Bouvreuil.* — *Pyrrhula*, Moeh. (1).

LOXIA, Lin. — FRINGILLA, Temm.

Espèces européennes : *Pyrrhula vulgaris*, Temm. (2) ; *P. coccinea*, Selys.

Genre 61. — *Linotte.* — *Linota*, Bonap. (3).

PASSER, Pall. — FRINGILLA, Temm. — LINARIA, Cuv. — CANNABINA, Breh.

On trouve en Europe : *Linota cannabina*, Bonap. (4) ; *L. montium*, Bonap. (5).

Genre 62. — *Montifringille.* — *Montifringilla*, Breh.

FRINGILLA, Lin. — PASSER, Pall. — LEUCOSTICTE, Swains.

Ce genre est également un de ceux qui doivent être rejetés, parce qu'il n'offre aucun caractère sérieux. Je ferai remarquer à cette occasion, que quelques auteurs ont créé des genres nouveaux sans en faire connaître les caractères distinctifs ; il est vrai que cela leur serait souvent bien difficile. C'est là, me semble-t-il, un abus contre lequel on ne peut assez se récrier. Je me demande aussi dans quel but certains ornithologistes allemands se plaisent à faire une foule de noms à des oiseaux qui en possèdent déjà plus d'un bon ; c'est ainsi que le Dr Brehm, non content de donner à chaque espèce un nom nouveau, leur en fait plusieurs, probablement pour être plus certain d'en voir adopté un ; M. Brehm a poussé la chose tellement loin, que j'ai vu certains oiseaux pour lesquels il avait fait jusque onze et douze noms ! (6)

Les espèces européennes suivantes ont été placées dans le genre *Montifringilla* : *M. nivalis*, Breh., *M. arctoa*, Bonap.

---

(1) Voy. Dub., t. II, p. LXXXIV.

(2) Ajoutez à la syn. : *Pyrrhula peregrina*, Breh.

(3) Voy. Dub., t. II, p. LXXXIV.

(4) Ajoutez à la syn. : *Linaria cannabina*, Boie; *Cannabina pinetorum*, Breh.

(5) Ajoutez à la syn. : *Fringilla cannabina*, Temm.; *Linaria flavirostris*, Macg.; *Cannabina media*, Breh.

(6) Afin que l'on ne m'accuse pas d'exagération, je prends au hasard une de ces espèces privilégiées, l'*Anthus pratensis*, Bechst., par exemple. — Pour cet oiseau, le Dr Brehm a créé les noms suivants : 1 *Anthus stagnatilis*, 2 *A. danicus*, 3 *A. pratorum*, 4 *A. palustris*, 5 *A. alticeps*, 6 *A. tenuirostris*, 7 *A. musicus*, 8 *A. virescens*, 9 *A. Lichtensteini*, 10 *A. desertorum*, 11 *A. montanellus*. (Voy. Breh., *Vög. Deuts.*, p. 332.)

Genre 63. — Pinson. — *Fringilla*, Lin. (1).

PASSER, Pall. — STRUTHUS, Boie. — CAELEBS, Cuv.

On trouve en Europe : *Fringilla caelebs*, Lin.; *F. Moreletti*, Pucher.; *F. Montifringilla*, Lin.

Genre 64. — Tarin. — *Carduelis*, Cuv. (2).

FRINGILLA, Lin. — ACANTHIS, Keys et Blas. — LINARIA, Vieill. — LINOTA, Bonap. — CHRYSOMITRIS, Boie. — SPINUS, Koch.

Espèces européennes : *Carduelis spinus* (3) ; *C. citrinellus*, Dum.; *C. elegans*, Steph. (4) ; *C. Holboellii*, Dub.; *C. canescens*, Ris. ; *C. linaria*, Ris. (5) ; *C. rufescens*, Dub.

Dr ALPHONSE DUBOIS.

---

(1) Voy. Dub., t. II, p. LXXXV.
(2) Ibidem, p. LXXXVI.
(3) Ajoutez à la syn. : *Serinus spinus*, Boie.
(4) Ajoutez à la syn. : *Carduelis carduelis*, Cuv.
(5) Ajoutez à la syn. : *Linaria agrorum* et *L. betularum*, Brch.; *L. linaria*, Boie.

TABLE MÉTHODIQUE

DU TOME PREMIER DE LA SECONDE SÉRIE.

PREMIER ORDRE. — RAPACES.

FAMILLE I. — VULTURIDÉES.

			Pages.	Planches.	
			Genres.	Oiseaux.	Œufs.
1	Néophron des fumiers.	Neophron stercorarius.	XI	1	VI
2	— au piléus.	— pileatus.	—	1 a	XIV a.
3	Vautour fauve.	Vultur fulvus.	XII	2 et 2 a.	VII
4	— de Ruppell.	— Ruppellii.	—	2 b et 2 c.	
5	— oreillard.	— auricularis.	—	3	X
6	— cendré.	— cinereus.	—	4	XV
7	Gypaète barbu.	Gypaetos barbatus.	XIII	5 et 5 a.	IV

FAMILLE II. — FALCONIDÉES.

8	Pygargue leucocéphale.	Haliaetus leucocephalus.	XIV	5 b et 5 c.	XVII
9	— de Pallas.	— Pallasii.	—	5 c.	XVII a.
10	Aigle doré.	Aquila chrysaetos.	—	6	V
11	— impérial.	— imperialis.	—	7	III et XIII
12	— Bonelli.	— Bonellii.	—	8	VIII
13	— sonneur.	— clanga.	—	9	XII
14	— ravisseur.	— rapax.	—	10	XVI
15	— botté.	— pennata.	—	11	XIV
16	Buse Delalande.	Buteo Delalandi.	XV	12	I
17	— à queue blanche.	— leucurus.	—	13	XI
18	Milan parasite.	Milvus parasiticus.	—	14	XVII a.
19	— à queue fourchue.	— furcatus.	—	15	
20	Crecerelle cresserellette.	Cerchneis tinnunculoides.	XVI	16	V
21	— à pieds rouges.	— rubripes.	—	17	VII
22	Faucon blanc.	Falco candicans.	—	18	
23	— d'Islande.	— islandicus.	—	19	
24	— gerfaut.	— gyrfalco.	—	19 a.	IX
25	— lanier.	— lanarius.	—	20	XVIII a.
26	— sacré.	— sacer.	—	20 a.	XV
27	— Éléonore.	— eleonoræ.	—	21	XIV a.
28	— concolore.	— concolor.	—	22	XIII
29	— ardoisé.	— ardisiaccus.	—	22 a.	XV a.
30	Épervier gabar.	Nisus gabar.	XVII	23	
31	— pèlerin.	— peregrinus.	—	23 a.	
32	— de Dussumier.	— Dussumieri.	—	23 b.	
33	Busard blafard.	Circus pallidus.	—	24	VIII

FAMILLE III. — STRIGIDÉES.

			Pages. Genres.	Planches. Oiseaux.	Œufs.
34	Chouette poussin.	Strix pusilla.	XVIII	25	XV *a*.
35	— méridionale.	— meridionalis.	—	26	
36	— de l'Oural.	— uralensis.	—	27	
37	— nébuleuse.	— nebulosa.	—	27 *a*.	XVIII *a*.
38	— lapone.	— lapponica.	—	28	
39	— de neige.	— nivea.	—	29	VIII
40	Hibou sibérien.	Otus sibirica.	—	29 *a*.	XVIII *a*.
41	— ascalaphe.	— ascalaphus	—	30	XVI *a*.

DEUXIÈME ORDRE. — PASSEREAUX.

FAMILLE I. — CAPRIMULGIDÉES.

42	Engoulevent à collier roux.	Caprimulgus ruficollis.	XIX	31	III

FAMILLE II. — HIRUNDINÉES.

43	Martinet alpin.	Cypselus alpinus.	XIX	32	XI
44	Hirondelle courte-queue.	Hirundo (Acanthylis) caudacuta.	XX	32 *a*.	
45	— de rocher.	— rupestris.	XXI	33	XIV
46	— ruféline.	— rufula.	—	34	XI
47	— de Savigny.	— Savignii.	—	34 *a*.	
48	— sénégalaise.	— senegalensis.	—	35	XV *a*.
49	— pourprée.	— purpurea.	—	35 *a*.	
50	— bicolore.	— bicolor.	—	35 *b*.	XVII *a*.

FAMILLE III. — MUSCICAPIDÉES.

51	Gobe-mouche gorge-rouge.	Muscicapa rufigularis.	—	36	X

FAMILLE IV. — AMPÉLIDÉES.

52	Jaseur d'Amérique.	Bombycilla americana.	—	36 *a*.	

FAMILLE V. — LANIADÉES.

53	Pie-grièche tchagra.	Lanius tchagra.	XXII	37	XIV
54	— masquée.	— personatus.	—	38	II
55	— phœnicure.	— phœnicurus.	—	38 *a*.	
56	— méridionale.	— meridionalis.	—	39	

FAMILLE VI. — CORVIDÉES.

57	Cyanopie mélanocéphale.	Cyanopica melanocephala.	XXII	40	II
58	Geai mélanocéphale.	Garrulus melanocephalus.	XXIII	41	
59	— ilicète.	— iliceti	—	41 *a*.	
60	— minime.	— minor.	—	41 *b*.	
61	— sinistre.	— infaustus.	—	42	XVI
62	Chocard alpin.	Pyrrhocorax alpinus.	XXIV	43	II

FAMILLE VII. — STURNIDÉES.

63	Troupiale à épaulettes.	Agelaius phœniceus.	XXV	43 *a*.	
64	Étourneau unicolore.	Sturnus unicolor.	XXVI	44	XVII *a*.
65	Sturnel à collier.	Sturnella collaris.	—	44 *a*.	

FAMILLE VIII. — TURDIDÉES.

			Pages. Genres.	Planches. Oiseaux.	OEufs.
66	Grive à gorge rousse.	Turdus rufigularis.	XXVII	45	
67	— sibérienne.	— sibiricus.	—	46	
68	— chat.	— felivox.	—	47	VII
69	— erratique.	— migratorius.	—	48	VI
70	— de Wilson.	— Wilsonii.	—	49	
71	— solitaire.	— solitarius.	—	50	XV *a*.
72	— olivâtre.	— olivaceus.	—	50 *a*.	
73	— polyglotte.	— polyglottus.	—	50 *b*.	XVII *a*.
74	— ferrugineuse.	— (Orpheus) rufus.	—	51	VI
75	Turdoïde obscur.	Ixos obscurus	XXVIII	52	XVIII *a*.
76	Pétrocincle bleu.	Petrocincla cyanea.	—	53	XVI *a*.
77	Motteux à queue blanche.	Saxicola leucura.	—	54	I
78	— leucomèle.	— leucomelæna.	—	55	XVIII *a*.
79	— oriental.	— orientalis.	—	55 *a*.	
80	— à gorge noire.	— atrogularis.	—	56	XV
81	— oreillard.	— aurita.	—	57	XII

FAMILLE IX. — SYLVIADÉES.

82	Rouge-queue aurore.	Ruticilla aurora.	XXIX	58	
83	— érythrogastre.	— erythrogaster.	—	—	
84	— de Caire.	— Cairii.	—	59	
85	— de Moussier.	— Moussieri.	—	60	
86	Rubiette gorge de feu.	Erithacus ignigularis.	—	61	XV *a*.
87	— philomèle.	— philomela.	—	62	III
88	Accenteur montagnard.	Accentor montanellus.	XXX	63	XV
89	Fauvette rayée.	Sylvia nisoria.	—	64	III
90	— mélanocéphale.	— melanocephala.	—	65	IV
91	— de Ruppel.	— Ruppellii.	—	66	XVI *a*.
92	— sub-alpine.	— subalpina.	—	67	I
93	— à lunettes.	— conspicillata.	—	68	
94	— sarde.	— sarda.	—	69	IX
95	— de Provence.	— provincialis.	—	70	X
96	Hippolais pale.	Hippolais pallida.	XXXI	71	XIII
97	— des oliviers.	— olivetorum.	—	72	XVI *a*.
98	— ambigu.	— elaeica.	—	72 *a*.	
99	Sylvicole à gorge noire.	Sylvicola atrigularis.	—	73	XVIII *a*.
100	Agrobate rubigineux.	Agrobates rubiginosus.	XXXII	74	IV
101	— familier.	— familiaris.	—	74 *a*.	
102	Rousserolle à moust. noires.	Calamoherpe melanopogon.	—	75	
103	— botté.	— caligata.	—	75 *a*.	XVIII *a*.
104	— cysticole.	— cysticola.	—	76	XVIII *a*.
105	— cetti.	— cetti.	—	77	IX
106	— certhiole.	— certhiola.	—	78	

FAMILLE X. — PARIDÉES.

107	Mésange sibérienne.	Parus sibirica.	XXXIII	79	XVI *a*.
108	— lugubre.	— lugubris.	—	80	VIII
109	— azurée.	— cyanus.	—	81	XVIII
110	Égithale pendulin.	Ægithalus pendulinus.	—	82	XVIII
111	Roitelet calendule.	Regulus calendula.	XXXIV	82 *a*.	
112	Phylloscope de Pallas.	Phylloscopus Pallasii.	—	83	

FIN DE LA TABLE DU TOME PREMIER.

Néophron des fumiers.

1. Adulte, 2. Jeune.

Genre Néophron. — Neophron, Sav.

NÉOPHRON DES FUMIERS.

NEOPHRON STERCORARIUS, DUBOIS.

MUCK NEOPHRON. — SCHMUTZIGER AASVOGEL.

Temm., t. I. p. 8. — Degl., t. I. p. 14. — Gould, t. I. pl. 3. — Naum., t. I. pl. 3. — v. d. Mühle, Ornith. Griechenl., n° 1. — Malh., Faune ornith. de Sicile, p. 20. — Malh., Ois. d'Alg., p. 1. — The Ibis, vol. II, p. 2. — Vultur percnopterus, Lin. — V. leucocephalus, Lath. — V. fuscus, Gmel. — V. ginginianus et V. albus, Daud. — V. stercorarius, Lep. — V. meleagris, Pall. — V. ægyptius, Briss. — Percnopterus ægyptiacus, Steph. — Cathartes percnopterus, Temm. — Neophron percnopterus, Savig.

Ce rapace habite presque toute l'Afrique, ainsi que les pays limitrophes de l'Asie et de l'Europe, tels que la Perse, la Turquie, le Portugal, l'Espagne, l'Italie, la Dalmatie, les Pyrénées et la Provence; il est plus rare dans le sud de la Suisse.

En Europe, cet oiseau se tient habituellement sur les rochers et les montagnes près des défilés, tandis qu'en Afrique et en Asie, il vit dans les endroits arides et sur le rivage des lacs; il suit souvent, pendant plusieurs jours, les caravanes qui traversent le désert, pour dévorer les bêtes de somme et même les hommes qui viennent à succomber pendant le voyage. Il visite aussi les villes ainsi que les villages, et l'on y tolère volontiers sa présence, parce qu'il débarrasse les rues des charognes et de toutes les matières en putréfaction qu'il peut y trouver, même des excréments. L'odorat de cet oiseau est d'une finesse extrême, car il le guide à une énorme distance, pour aller trouver la place où gît le cadavre d'un animal en décomposition. Il se met alors en devoir d'en dévorer une grande partie, puis il va se livrer au repos en se tenant immobile, et le jabot fortement gonflé; il reste dans cette position, jusqu'à ce que sa digestion se soit opérée.

Ce néophron était un oiseau sacré pour les anciens Égyptiens, qui le représentaient souvent sur leurs monuments funéraires. Dans le pays où cet oiseau ne trouve pas de protection, il est farouche et prudent. Il recherche beaucoup la société de ses semblables, aussi en rencontre-t-on ordinairement plusieurs réunis.

L'aire de cet oiseau est très-mal construit et se trouve le plus souvent sur des versets ou dans des trous de rocher, mais très-rarement sur des arbres. Il contient trois à quatre œufs dont les pores sont profonds et très-irréguliers.

Néophron au pileus

NÉOPHRON AU PILÉUS.

NEOPHRON PILEATUS, ILLIG (1).

THE PILEUS NEOPHRON. — PILEUS AASVOGEL.

Burch., TRAV. S. AFR. 194. — Temm., PL COL. 222. — Gray, GEN. OF BIRDS, t. I. p. 37. — Smith, AFR. ZOOL. p. 141. — Viert., NAUM., II. 1. p. 46. — A. Brehm, JOURN. F. ORNITH., 1853, p. 93. — *Vultur pileatus*, Burch. — *Percnopterus niger*. Less. — *Cathartes monachus*, Temm. — *C. pileatus*, Gray. — *Neophron carunculatus*, Smith. — *N. monachus*, Brehm.

Cet oiseau habite le Sénégal, l'Égypte et les côtes occidentales de l'Afrique ; il est très-commun sur la Côte-d'Or. En Europe, il s'est montré accidentellement en Grèce.

Ce rapace vit par troupes et se nourrit, comme son congénère, de corps en putréfaction ; on l'estime beaucoup dans les pays chauds, pour les services qu'il rend en purgeant la terre des charognes et des cadavres d'animaux. Il attaque rarement les petits mammifères, les oiseaux et les reptiles, et encore n'est-ce que quand la faim l'y oblige.

Les néophrons recherchent volontiers les forêts touffues et les hautes et inaccessibles montagnes, où ils se perchent sur les pointes les plus escarpées pour se livrer au repos.

La nidification commence vers le 15 janvier dans les forêts vierges situées le long des fleuves Blanc et Bleu. Le nid est proportionnellement très-petit ; il est aplati et grossièrement construit à l'aide de buchettes ; l'intérieur est tapissé de radicelles et de fibres végétales. La ponte est d'un ou de deux œufs. — Le mâle et la femelle se partagent les soins de l'incubation.

(1) *Pileatus* signifie *coiffé du pilcus*. Le pileus était un bonnet phrygien en laine, dont on coiffait les esclaves romains qu'on affranchissait. L'épithète de *pileatus* a été donnée au Neophron à cause de la singulière disposition des plumes de la tête.

Vautour fauve

Adulte.

Vautour fauve

Jeune.

Genre Vautour. — *Vultur*, Brisson.

VAUTOUR FAUVE.

VULTUR FULVUS, BRISS.

FULVOUS VULTURE. — FAUV-GEIER.

Temm., t. I, p. 3. — Degl., t. 1, p. 6. — Naum., t. 1, pl. 6. — Gould., t. I, pl. 1. — v. d. Mühle, Ornith. Griechenl., n° 2. — The Ibis, vol. II, p. 1. — Gyps fulvus, Gray. — G. vulgaris, Sav. — G. albicollis, Breh. — Vultur leucocephalus, Mey. et Wolf. — V. vulgaris, Vieill. — V. albicollis, Linderm. — V. trincalos, Bechst. — V. indicus, Tem. — V. persicus, Pall. — V. fulvus occidentalis, Schleg.

L'Égypte, la Nubie, le Kordofan, l'Abyssinie et une grande partie de l'Asie sont les pays où l'on trouve principalement ce vautour; il est même commun à l'ouest de l'Inde, en Perse, en Turquie, en Daourie, en Dalmatie et sur les Pyrénées. Au printemps, ce rapace est souvent rejeté par les ouragans sur les côtes de la mer Caspienne, et il arrive ainsi parfois jusqu'en Hongrie et en Silésie, mais très-rarement dans les autres contrées de l'Allemagne. En Sardaigne, ce vautour est le plus commun des grands oiseaux de proie qui habitent les montagnes et les rochers de cette île.

Cet oiseau, d'un naturel paresseux et très-vorace, aime particulièrement la viande saignante et ronge volontiers les os de ses victimes, sans qu'il dédaigne pour cela les charognes. S'il est très-affamé, il attaque des petits animaux qui ne lui présentent pas une grande résistance. Ce vautour, surcharge souvent tellement son estomac et son jabot, qu'il lui est impossible de voler pendant un certain temps, et c'est dans ces moments qu'on peut facilement s'en emparer. La chasse de cet oiseau est souvent dangereuse, car lorsqu'il est blessé, il se défend avec un courage désespéré contre les chiens et même contre le chasseur, en donnant d'horribles coups de bec.

L'aire de ce rapace est placé dans l'endroit le plus inaccessible d'un rocher, sous des parties de rocs qui lui servent de toiture; quelquefois aussi il se trouve dans des crevasses. Cet aire est formé d'un tas de branches sur lequel se trouve une couche de bûchettes et d'herbe sèche ; il contient habituellement deux œufs.

On connaît en Sardaigne et sur les Pyrénées, une variété de ce vautour connue sous le nom de *Vultur fulvus occidentalis;* elle a le blanc jaunâtre plus pâle, mais elle est peu caractéristique, et on ne doit pas la considérer comme une véritable espèce.

Vautour de Rüppell

Adulte

Vautour de Rüppell.

VAUTOUR DE RÜPPELL.

VULTUR RUPPELLII, BREHM.

RÜPPELL'S VULTURE. — RÜPPELL'S GEIER.

Temm., t. IV, p. 587. — Pall. Zoogr., t. I, p. 375, n° 59. — Keys. et Blas. Wirbelt. Eur., p. xxvii, n° 5. — Lath. Syn. supp., t. II, p. 12. — Daud. Ornith., t. II, p. 15. — Rüpp. Atl. du voy. en Egypte, pl. 32. — Vautour chasse-fiente, Vieill. Ornith. d'Afr., t. II, p. 44 — Vultur fulvus, Rüpp. — V. Kolbii, Temm. — Gyps Ruppellii, A. Breh.

Le nord-ouest de l'Afrique est la véritable patrie de ce vautour ; il habite particulièrement l'Egypte, la Nubie et l'Abyssinie. Il se montre accidentellement en Grèce. M. le docteur Erhard dit qu'il est très-commun sur les îles Cyclades, particulièrement sur celle de Mykonos, où il vit souvent cette espèce, durant l'hiver, par troupes de huit à vingt individus. Ce naturaliste ajoute que, dans cette île, il est rare qu'on aille à la chasse sans rencontrer des troupes de ces oiseaux.

Le *Vultur Ruppellii* est généralement confondu avec le *V. Kolbii*, bien que ce dernier n'habite que le sud de l'Afrique et ne puisse que difficilement venir en Europe ; il est donc peu probable que le vautour de Kolbe se soit montré sur notre continent.

Le vautour de Rüppell se tient de préférence sur les rochers élevés. Il vole avec majesté, en battant des ailes avec lenteur. Ce rapace traverse parfois une grande étendue de terrain, et cela à une hauteur considérable, pour trouver une charogne ou l'autre que sa vue perçante lui fait découvrir du haut des airs. Lorsqu'il s'est suffisamment repu, il se hâte de trouver un lieu convenable à terre ou sur un rocher pour faire sa digestion ; il reste alors souvent des heures entières dans une parfaite immobilité. Il est rare que cet oiseau attaque des animaux vivants, car sa nourriture consiste le plus souvent en charognes ; mais s'il rencontre un animal malade ou blessé, il s'en empare volontiers, car il paraît beaucoup aimer la viande saignante ; on le voit aussi parfois ronger les os, qu'il tient dans l'une de ses serres pour faciliter la besogne.

L'aire de ce vautour est placée dans une crevasse ou dans le trou d'un rocher ; elle est faite avec des branchages, des racines et des graminées et contient généralement deux œufs.

Vautour oreillard.

VAUTOUR OREILLARD.

VULTUR AURICULARIS, DAUDIN.

WIDE—EARED VULTURE.— OHRENGEIER.

Temm., t. IV, p. 593. — Degl., t. I, p. 11. — Bree, Birds of Eur. not obs. in the Brit. isles, t. 1, p. 2. — Cresp. Faune mér. de la France, p. 6. — Jaub. et Bart. Rich. ornith. du midi de la France, p. 21. — Schleg., Rev., p. xii. — Vultur ægypius, Tem. — V. nubicus, Smith.

Ce vautour a pour patrie l'Afrique, mais on le rencontre particulièrement en Egypte et en Nubie. Il est très-rare en Europe, où il n'arrive que poussé par le vent; c'est ainsi qu'il se montre parfois en Espagne et en Grèce. Un individu a été tué sur les montagnes de la Provence.

Ce rapace habite généralement les régions montagneuses de l'Afrique. Un grand nombre de ces oiseaux se réunissent la nuit sur les montagnes; et on les voit alors, au lever du soleil, perchés sur les pics les plus escarpés. Quand le vautour oreillard a pleinement satisfait son appétit vorace, il reste des heures entières accroupi sur la terre sans bouger de place. Lorsqu'enfin il se décide à s'envoler, il est obligé de prendre son élan en courant et en battant des ailes; mais dès que ses serres ne touchent plus le sol, il s'élève avec rapidité à une hauteur tellement prodigieuse, qu'on ne le distingue plus que par un point sur la voûte azurée du ciel. Malgré la grande hauteur où il se trouve alors, sa vue perçante lui permet de distinguer un animal mort gisant sur la terre; aussi ne tarde-t-il pas à s'abattre sur lui.

Il est assez rare de trouver ce rapace en captivité; le Jardin zoologique d'Anvers en possède, depuis plusieurs années, un magnifique exemplaire.

La nidification se fait dans les creux des montagnes; si l'espace le permet, il n'est pas rare de trouver plusieurs nids placés les uns à côté des autres. L'aire est construite à l'aide de branchages, de racines et d'herbes. La ponte est de deux œufs.

Il est assez facile de trouver l'aire de ce vautour, car le mâle se tient presque toujours dans son voisinage; mais on ne peut s'en emparer qu'avec peine, vu l'endroit inabordable que choisit la femelle pour garantir sa couvée contre toute attaque.

Vautour cendré.

VAUTOUR CENDRÉ.

VULTUR CINEREUS, GMELIN.

ASH — COLOURED VULTURE. — GRAUE GEIER.

Temm., t. I, p. 4. — Degl., t. I. p. 9. — Gould, t. I, pl. 2. — Naum., t. I, pl. 1. — Bree, BIRDS OF EUR. NOT OBS. IN THE BRIT. ISLES, t. I, p. 7. — Jaub. et Barth. RICH. ORNITH. DU MIDI DE LA FRANCE, p. 20. — Roux, ORNITH. PROV., p. 2. — Malh. FAUNE ORNITH. DE LA SICILE, p. 19. — Ægypius niger, Savig. — Æ. arianus, Laf. — Vultur niger, Vieill. — V. arianus, Roux. — V. ægypius, Rüpp. — V. Bengalensis, Lath. — V. monacus, Lin. — Gyps cinereus, Bonap.

Ce rapace est assez répandu en Europe. On le trouve en Espagne, en Portugal, en Italie, en Sicile, en Sardaigne et en Dalmatie; plus rarement en Hongrie, en Bavière, au Tyrol, en Suisse et au nord de l'Allemagne; il se montre accidentellement dans le midi de la France, où, selon M. le docteur Jaubert, il a été pris à plusieurs reprises dans les Pyrénées. Il n'est réellement commun qu'en Egypte et en Nubie : c'est de ces contrées qu'il émigre par troupes plus ou moins nombreuses vers les pays du midi de l'Europe.

Ce vautour se tient généralement sur les sommités des montagnes. et c'est pour cette raison qu'il supporte les froids les plus rigoureux des contrées du centre de l'Europe. Il s'apprivoise aisément et il est même assez doux en captivité, pourvu qu'il ne lui manque rien; il devient très-difficile dès que la faim le presse.

La nourriture de ce rapace consiste en charognes, surtout en restes d'animaux abandonnés par des mammifères carnassiers. Quand il s'est bien repu, il passe le restant du jour dans une immobilité absolue, attendant la fin de la digestion.

L'aire de cette espèce est ordinairement placée sur un rocher escarpé et inaccessible; elle est très-vaste et se compose de branchages et de buchettes sur lesquelles reposent les deux œufs que pond la femelle.

Gypaète barbu.

Adulte.

1/5

Gypaète barbu

jeune,

Genre Gypaéte. — Gypaetos, Cuvier.

GYPAÉTE BARBU.

GYPAETOS BARBATUS, CUV.

BEARDED VULTURE. — BART-GEIER.

Temm., t. I, p. 11. — Degl., t. 1, p. 17. — Naum., t. 1, pl. 4. — Gould, t. I, pl. 4. — Malh., FAUNE ORNITH. DE SICILE, p. 21. — v. d. Mühle, ORNITH. GRIECHENL., p. 4 — Malh., OIS. D'ALG., p. 1. — THE IBIS, t. II, p. 2. — FALCO BARBATUS, Lin. — VULTUR ARBATUS, Gmel. — V. NIGER et V. AUREUS, Briss. — V. BARBATUS, Lath. — PHENE OSSIFRAGA, Savig. — GYPAETOS LEUCOCEPHALUS et G. MELANOCEPHALUS, Mey. et Wolf, adulte et jeune. — G. BARBATUS OCCIDENTALIS, Schleg.

Cet oiseau habite l'Égypte, l'Abyssinie, les hautes montagnes de la Daourie, près du lac de Baïkal, jusqu'au Thibet; on le voit également sur l'Hymalaya, sur les Alpes hongroises, bavaroises, tyroliennes et suisses, ainsi que sur les Pyrénées et en Sardaigne.

Le gypaéte barbu vit solitaire ou par couple; il se tient toujours sur les hautes montagnes jusque dans le voisinage des neiges éternelles. Son vol est rapide et il peut le soutenir pendant longtemps. Lorsqu'il a aperçu un animal dont il veut faire sa proie, il plane pendant quelque temps en décrivant des cercles et en remuant à peine les ailes, puis, il s'abat en ligne oblique sur sa victime, tout d'un coup et à grand bruit. Les animaux qu'il choisit de préférence sont les chamois, les mouflons, les moutons, les renards, les marmottes, les perdrix de neige, etc. Il dévore sa proie avec les poils, les plumes et même avec les os qu'il digère avec la plus grande facilité; les matières non digérées sont renvoyées sous forme de bol. Pendant la plus grande partie du jour il se tient immobile sur un rocher, la queue pendante et la tête enfoncée entre les épaules. Ce gypaéte fait entendre rarement son cri qui est fort strident et encore n'est-ce qu'en volant; sa grande prudence rend sa chasse difficile.

Le vaste aire de cet oiseau de proie est placé bien à l'abri, dans l'endroit le plus inaccessible d'un rocher. Il est construit à l'aide de branchages et recouvert d'une couche de bruyère, d'herbe sèche et de racines; il contient trois œufs.

Les individus qu'on trouve en Égypte, en Sardaigne et sur les Pyrénées, sont ordinairement un peu plus petits, et on en a fait une espèce sous le nom de *Gypaetos barbatus occidentalis.* Les autres caractères qu'on lui a donnés, sont si peu importants, qu'ils ne permettent de considérer le *G. barbatus occidentalis* que comme une variété climatique.

Pygargue leucocéphale.

Adulte

5.d

Pygargue leucocéphale
jeune.

PYGARGUE LEUCOCÉPHALE.

HALIAETUS LEUCOCEPHALUS, LESSON.

WHITE HEADED EAGLE. — WEISSKÖPFIGE SEEADLER.

Temm. t. I, p. 52. — Degl t. I, p. 42. — Naum. t. XIII, p. 72. — Gould, t. I, pl. II. — Bree. t. I, p. 80. — Wils. Am. Ornith., t. IV, p. 89. — Richards. et Swains. Fauna bor. am. p. 15. — Falco leucocephalus, Lin. — F. ossifragus, Wils. — Aquila leucocephala, Briss. — Haliaetos leucocephalus, Bonap. — Haliaetus Washingtonii, Audub.

Ce rapace est commun aux États-Unis ainsi qu'au Canada jusqu'au golfe du Mexique. Il paraît que cet oiseau a été pris en Suisse et dans le Wurtemberg, mais le fait est contesté par plusieurs naturalistes, parce qu'on ne retrouve plus les oiseaux qui y ont été tués. On peut cependant admettre avec certitude cette espèce dans la faune européenne, car elle se montre, bien que rarement, dans le sud de la Russie d'Europe, où deux individus ont été abattus depuis peu. Ce pygargue habite toute l'année les régions tempérées de l'Amérique du Nord, mais il ne séjourne que l'été dans les pays plus septentrionaux. Il arrive cependant parfois que, lors des émigrations, quelques individus épars sont poussés par les ouragans sur le sol de l'Europe.

Le pygargue leucocéphale fréquente de préférence les bords de la mer et les iles; on l'observe quelquefois aussi près des lacs et des grands cours d'eau situés près des forêts.

Pendant l'été cet oiseau vit presque exclusivement de poissons, qu'il pêche au vol en tenant les ailes relevées. Mais s'il a l'occasion de rencontrer un balbuzard fluviatile, il guette le moment où celui-ci s'apprête à dévorer le fruit de sa pêche; il l'attaque alors aussitôt, et malgré sa résistance, le balbuzard est toujours forcé de céder au roi des airs l'objet de sa convoitise. En hiver ce rapace fait la guerre aux agneaux, aux chevreaux, aux pourceaux, aux lièvres ainsi qu'aux volatiles, tels que oies, canards, etc. ; il lui arrive même quelquefois de dévorer des charognes.

L'immense aire de ce pygargue se rencontre dans les forêts, principalement dans celles qui renferment des marécages. Il se trouve sur un grand arbre séculaire et se compose de branchages et de roseaux recouverts de bruyères et de mousse. C'est sur cette masse, de plusieurs pieds de diamètre, que la femelle dépose ses deux œufs. Cet aire peut servir plusieurs années; la femelle ne doit ainsi que le réparer avant de faire sa ponte.

Pygargue de Pallas.

PYGARGUE DE PALLAS.

HALIAETOS PALLASII, DUBOIS.

PALLAS'S SEA EAGLE. — PALLASISCHER SEEADLER.

Pall. Zoog. Ross. Asiat., t. I, p. 352, nº 26. — Schleg. Rev. p. viii. — Cab. Journ. f. ornith., 1854, p. 354. — Keys. u. Blas. Wirbelt. Eur. p. xxx, nº 31. — Bree, Birds of Eur. not obs. in the Brit. isles, t. I, p. 75. — Aquila leucorypha, Pall. — Haliaetos leucoryphus, Keys. et Blas. — H. unicolor et H. lanceolatus, Gray.

Ce rapace habite la Sibérie. Pallas est le premier qui l'ait observé en Europe; d'après ce savant, cet oiseau ne se montre que rarement sur les bords de la mer Caspienne, quoiqu'il soit assez abondant dans les forêts avoisinantes de cette mer. Depuis les travaux de cet habile ornithologiste, ce pygargue a été observé dans plusieurs endroits de la Russie, particulièrement près du Volga et des monts Ourals. Il est commun dans l'intérieur de la Crimée et se montre accidentellement en Suède.

Le pygargue de Pallas a une grande prédilection pour les rochers qui bordent les eaux, ainsi que pour les forêts situées non loin des mers; il est même rare de le rencontrer ailleurs. Son vol est facile et soutenu.

La nourriture favorite de cet oiseau consiste en poissons qu'il pêche avec une grande agilité; à défaut de ceux-ci, il s'abat volontiers sur des guillemots, des mouettes, des canards et de petits mammifères. C'est, paraît-il, pendant les orages qu'il déploie particulièrement son activité à la pêche.

La nidification a lieu soit dans les bois sur un arbre séculaire, soit sur un rocher escarpé. L'aire est très-vaste, et se compose de branchages; elle est couverte avec des tiges herbacées entremêlées parfois de graminées. La ponte est de deux œufs. Ce pygargue se sert de son nid pendant bien des années; il suffit d'une légère réparation à l'approche de la ponte pour le mettre de nouveau en état de service.

Aigle doré.

AIGLE DORÉ.

AQUILA CHRYSÆTOS, PALL.

GOLDEN EAGLE. — GOLD ADLER.

Temm., t. I, p. 38. — Degl., t. I, p. 24. — Naum., t. XIII, p. 8. — FALCO MELANÆTOS, Briss. — F. CANADENSIS et F. AMERICANUS, Gmel. — F. FULVUS et F. CHRYSÆTOS, Linn. — AQUILA DAPHÆNIA, Hodgs — A. MELANÆTOS, Briss.— A. NOBILIS, Pall.— A. REGIA, Less. — A. FULVUS, Linn.

Cet aigle habite toutes les contrées de l'Europe riches en forêts et en montagnes; il est aussi répandu dans une grande partie de l'Asie, depuis la Sibérie jusqu'au Kamtschatka, ainsi que dans les États-Unis du nord de l'Amérique.

Malgré sa grande taille, c'est un oiseau farouche et d'une prudence à toute épreuve; aussi sa chasse est-elle des plus difficiles. Il vit par couple et se tient souvent sur les branches supérieures d'un vieil arbre. Son vol a lieu à une grande hauteur et lui permet d'entreprendre d'assez longs voyages pour trouver le gibier nécessaire à sa famille.

La nourriture de cet aigle se compose principalement de mammifères de taille moyenne, mais au besoin il se jette même sur des chevreuils et des chamois; il ne dédaigne pas non plus les tétras, les outardes, les oies, les canards et autres oiseaux analogues.

Ce rapace niche sur les rochers ou entre les branches d'un arbre. Son aire, très-vaste et plate, se compose de branchages et de graminées; elle contient deux à trois œufs. Cette aire sert souvent pendant plusieurs années.

Les naturalistes ont tantôt séparé l'*A. chrysætos* de l'*A. fulvus*, tantôt ils n'ont fait des deux qu'une seule espèce. On est cependant généralement d'accord aujourd'hui pour considérer l'*A. chrysætos* comme un individu très-adulte de l'*A. fulvus*, et l'*A. Barthelemyi* comme un âge intermédiaire de ces derniers.

7.

Aigle impérial.

1. Adulte; 2. jeune.

AIGLE IMPÉRIAL.

AQUILA IMPERIALIS, BOJÉ.

IMPERIAL EAGLE. — KEISER ADLER.

Temm., t. 1, p. 36. — Gould., t. I, pl. 5. — Degl., t. I, p. 22. — Brée, Birds of Eur., t. 1. p. 58. — Schleg., Revue, p. VII.— Mey., Taschenb., t. III, p. 5. — Savi, Ornith. Toscana, t. I, p. 17. — Savig., Syst. Ois. d'Egyp., p. 82. — Falco imperialis, Bechst. — Aquila heliaca, Savig. — A. mogilnik, Gmel.

Cet aigle habite l'Egypte, l'Abyssinie, la Barbarie et il est surtout commun en Cafrerie ; en Asie, on le trouve dans la Mongolie, en Perse, en Tartarie, jusqu'au Caucase et les monts Ourals. Il est aussi fort répandu en Europe où on le rencontre en Crimée, en Valachie, en Hongrie, en Dalmatie, en Turquie et en Grèce, mais rarement dans le sud de l'Allemagne et sur les Pyrénées, dans le midi de la France.

L'attitude de ce rapace est beaucoup plus horizontale que celle des autres aigles, et quand il est ainsi en repos, il fait souvent entendre son espèce de croassement assez variable qui ressemble à *kra, kra, kra* ou *krau, krau, krau,* ou bien encore à *rha, rho, rha.*

Il fait principalement sa proie de mammifères de taille moyenne, tels que chevrotins, jeunes daims, agneaux, renards, et aussi d'oiseaux, tels que oies, canards, poules, etc.

L'aire de ce rapace est placée soit sur un rocher escarpé, soit sur un arbre; elle est confectionnée à l'aide d'herbages, de paille, de foin et de mousse, et la femelle y dépose deux à trois œufs. Dans les steppes, cette aire est même construite à terre ; mais quelle que soit sa position, à terre, sur un arbre ou sur un rocher, cet oiseau en reprend toujours possession l'année suivante, et après y avoir fait les réparations nécessaires, il y dépose sa nouvelle couvée.

Aigle Bonelli.

1. adulte, 2. jeune.

AIGLE BONELLI.

AQUILA BONELLII, TEMM.

BONELLI'S EAGLE. — BONELLI'S ADLER.

Temm., t. III, p. 19. — Degl., t. I, p. 28. — Gould, t. I, pl. 7. — Naum., t. XIII, pl. 341. — Bree, Birds of Eur., t. I, p. 62. — v. d. Mühle, Ornith. Griechenl., nº 18. — Savi, Ornith. Tosc., t. III, p. 188. — Falco Bonelli, de la Marm. — Aquila fasciata, Vieill.

Cet aigle est assez répandu dans tout le nord de l'Afrique, principalement en Algérie; on le trouve aussi dans plusieurs parties de l'Asie, et il n'est pas rare en Grèce, au sud de l'Italie, en Sardaigne et en Sicile, d'où il vient parfois jusque dans le midi de la France, de l'Espagne et du Portugal.

L'aigle Bonelli vit sur les rochers et dans les plaines, mais on ne le rencontre que rarement dans la profondeur des bois. Son vol est majestueux, il s'élève parfois jusqu'aux nues en décrivant de grands cercles; cet oiseau déploie dans cet exercice beaucoup de force et d'agilité. Malgré son naturel franc et courageux, il est excessivement prudent, aussi cela rend-il son abord très-difficile.

La nourriture de cet oiseau consiste en lièvres, lapins, hamsters et souris, ce qui ne l'empêche cependant pas de faire bonne chasse aux perdrix, aux canards et autres oiseaux.

Son aire se trouve ordinairement dans la fente d'un rocher, rarement sur un arbre; il se compose de graminées et de tiges de plantes herbacées; la ponte est de deux œufs.

Aigle sonneur.

AIGLE SONNEUR.

AQUILA CLANGA, PALLAS.

MOCKING EAGLE. — SPOTT ADLER.

Pall. Zoogr. ros. Asiat., t. I, p. 351. nº 25. — Yarr. Brit. Birds. t. II. p. 10. — Brehm, Vög. Deutschl., t. I, p. 27. — Naum. Vög. Deutschl, t. XIII, p. 40.— Falco clanga, Naum. — Aquila pomarina, Brehm.

L'aigle sonneur est répandu dans toute la Sibérie jusqu'au Kamtchatka; il se trouve également dans la partie sud-ouest de la Russie, en Pologne, en Hongrie et dans quelques parties de l'Allemagne. On dit qu'il s'est également montré en Grèce.

C'est un rapace essentiellement forestier, qui paraît surtout se plaire dans les bois entrecoupés de cours d'eau ou de lacs. On le voit souvent perché non loin de l'eau, sur une forte branche dénudée, sur un poteau ou sur une pierre, pour guetter sa proie ou faire sa digestion. Il est prudent et malin : deux qualités qu'il met toujours à profit dans l'attaque comme dans la fuite.

Il ne poursuit généralement que les oiseaux dont le vol n'est pas trop rapide; mais comme il ne peut pas toujours choisir sa proie, il se voit souvent forcé de faire la chasse à de bons voiliers. Alors l'aigle poursuit sa victime à outrance, jusqu'à ce que celle-ci lui tombe entre les serres, épuisée plutôt de peur que de fatigue. Il montre surtout son adresse à la chasse aux oiseaux aquatiques : il guette le moment où un foulque, une poule d'eau ou tout autre oiseau aquatique plonge pour pêcher, afin de pouvoir le saisir aisément dès qu'il revient à la surface. Les perdrix, les cailles, les jeunes de lièvres et les lapins, les hamsters, les souris et les grenouilles, entrent aussi pour une bonne part dans ses consommations.

L'aire de cette espèce se trouve sur un arbre séculaire; mais, pour abréger sa besogne, la femelle s'empare habituellement de l'aire abandonnée d'une buse ou d'un busart, qu'elle se contente de réparer et d'agrandir à l'aide de buchettes et de graminées. Les deux ou trois œufs reposent dans un léger enfoncement.

Aigle ravisseur.

AIGLE RAVISSEUR.

AQUILA RAPAX, TEMM.

TAWENY EAGLE. — RAUB ADLER.

Temm., pl. col. 455. — Bree, t. I, p. 71. — FALCO SENEGALLUS, Cuv. — F. NÆVIOIDES, Temm. — AQUILA NÆVIOIDES, Cuv. — A. CHOKA, Smith.— A. ALBICANS, Rüpp.— A. FUSCA et PUNCTATA, Gray. — A. BELISARIUS, Bonap. — A. VINDHIANA, Frankl.

Ce rapace a pour patrie l'Égypte et la Nubie, il est commun en Abyssinie; en Europe, on ne l'a guère observé qu'en Turquie et en Grèce où il est cependant rare.

Cet aigle paraît avoir une grande prédilection pour le voisinage de l'eau; aussi choisit-il toujours de préférence les forêts qui touchent à de grandes eaux. Il se repose volontiers sur un arbre isolé, un poteau ou une pierre placés au bord de l'eau, sans dédaigner pour cela les rochers et les montagnes; c'est du haut de ces perchoirs qu'il guette sa proie. Sa nourriture consiste en oiseaux, muridés et grenouilles.

L'aigle ravisseur est un oiseau farouche et prudent; il est souvent très-difficile de l'approcher à portée de fusil. Son vol est majestueux, mais peu soutenu, et il emporte parfois l'oiseau à une grande hauteur.

Son aire, composée de roseaux et de diverses tiges végétales, est placée sur un arbre ou sur un rocher; la ponte est de deux ou de trois œufs.

Aigle botté.

1. Adulte. 2. jeune.

AIGLE BOTTÉ.

AQUILA PENNATA, BREHM.

BOOTTED EAGLE. — GESTIEFELTER ADLER.

Temm., t. I, p. 44. — Degl., t. I, p. 33. — Gould., t. I, pl. 9. — Naum., t. XIII, pl. 343. — v. d. Mühle, ORNITH. GRIECHENLANDS, n° 17. — HIERÆTUS PENNATUS, Kaup. — FALCO PENNATUS, Lin. — AQUILA MINUTA et A. WIEDII, Brehm.

Cet aigle habite l'Egypte, la Nubie, le Kordofan, l'Abyssinie, la Sénégambie, la Grèce et la Hongrie; M. le comte Wodzicki dit en avoir tué souvent en Gallicie. On le rencontre aussi parfois près du Danube, d'où ce rapace s'égare de temps à autre en Autriche, en Saxe et en Bavière. A l'approche de l'hiver, cet aigle quitte l'Europe pour aller en Afrique, sa véritable patrie.

Cet oiseau se place habituellement sur la branche la plus élevée d'un arbre solitaire, afin d'avoir la vue libre et de pouvoir observer aisément l'approche d'une proie, sur laquelle il s'abat avec la rapidité d'une flèche dès qu'il l'aperçoit. Il n'attaque que de petits animaux, tels que des lièvres, des écureuils, des muridés, des belettes, des petits oiseaux et des reptiles, et, à défaut de tout cela, il prend même des insectes et des larves.

Son vol est léger et majestueux; on le voit souvent planer au-dessus des prairies et des forêts en décrivant de grands cercles, et l'on peut alors facilement l'abattre, car il est peu craintif.

L'aire de cet aigle est placée sur une branche fourchue et son volume n'est pas plus considérable que celui de l'aire du *Pernis apivorus*; elle est bien arrondie et composée de petites branches et de graminées. On y trouve généralement en avril deux œufs, rarement trois; ces œufs ressemblent beaucoup à ceux de l'*Astur palumbarius*. Le mâle aide quelquefois la femelle dans les soins de la couvaison. Les jeunes sont couverts au commencement de leur existence d'un duvet gris perle.

Les amateurs, qui ne sont pas très-bons connaisseurs, confondent ordinairement cet aigle avec la buse pattue, dont il a la taille; mais, en examinant les tarses de ces deux oiseaux, on s'aperçoit aisément que ceux de l'*A. pennata* sont, comme chez toutes les espèces de ce genre, revêtus de plumes de tous côtés, tandis que les tarses du *Buteo lagopus* sont pourvus de plaques le long de leur face postérieure.

Buse Delalande.

1. Adulte. 2. jeune

BUSE DELALANDE.

BUTEO DELALANDI, DES MURS.

DELALAND'S-BUZZARD. — DELALAND'S BUSSARD.

Des Murs, dans la Rev et Mag. de Zoologie, 1862. p. 49. — A. Smith., Afric. zool., p. 158.— Less., Compl. OEuvr. de Buff., t. VII, p. 186.—Brec, Birds of Eur., t. I, p. 97.—Hartl., Syst. Orn. West Afr., p. 2. — Cab., Journ., t. III, 1855, p. 94. — Hartl., Cab. Journ., t. VIII, 1860, p. 11. — Sclat., Ibis, I, p. 95. — Falco tachardus, Daud. — Buteo capensis, Schleg. — B. tachardus, Vieill.

Cette buse a toujours été désignée jusqu'à ce jour sous le nom de *Tachard*, mais récemment M. O. des Murs a donné à ce sujet quelques éclaircissements dans la *Revue et Magasin de Zoologie*. Ce savant naturaliste prétend, avec raison, que le Tachard de Levaillant n'est qu'une jeune Bondrée apivore, et il propose de dédier à Delalande l'espèce découverte par ce dernier en 1818. Nous croyons qu'il est de toute justice de perpétuer ainsi la mémoire de ce savant et courageux voyageur.

La buse Delalande est assez répandue, mais n'est commune nulle part, et selon M. le docteur Hartlaub, elle se trouverait dans toute l'Afrique. On a observé cette espèce au cap de Bonne-Espérance, à Mogador, au Gabon et à Tanger, à Madagascar, ainsi que dans le Nepal en Asie; en Europe, elle habite le voisinage du Volga, et M. Moeschler dit en avoir reçu plusieurs des environs de Sarepta.

Les mœurs de cet oiseau paraissent être les mêmes que celles du *Buteo vulgaris;* comme ce dernier, il reste souvent longtemps immobile à la même place, cela probablement pour épier sa proie qui consiste en souris et autres petits mammifères, en petits oiseaux ainsi qu'en insectes, ce qui a été constaté par l'examen du contenu du jabot de cette buse.

Cet oiseau construit son aire sur des rochers à l'aide de branchages; l'intérieur est bourré de fines bûchettes; on y trouve le plus souvent deux à trois œufs; ceux-ci sont d'une teinte blanchâtre et plus ou moins tachetés de brun. Le mâle de cette espèce a son tour de couver; les deux sexes sont semblables par leur plumage, mais les jeunes diffèrent beaucoup des adultes.

Buse à queue blanche.

1. Adulte. 2. jeune.

BUSE A QUEUE BLANCHE.

BUTEO LEUCURUS, NAUM.

WHITE TAILED BUSSARD. — WEISSCHWÄNZIGER BUSSARD.

Naumannia, t. III, p. 236. — Cab., Journal fur Ornith., t. II, p. 260. — Rupp., Vg. N O. Afrika's, n° 11. — Falco ferox, Gmel. — F. rufinus, Rupp. — Accipiter hypoleucus, Pall.— Buteoetos leucurus, Naum. — Buteo rufinus, Gray. — B. longipes et B. rufiventer, Jerd. B. canescens, Hodg. — B. ferox, Cab.

Cette buse habite les steppes Kalmucks entre le Don, le Volga et le Hanitsch, ainsi que les steppes Kirgises où elle n'est pas rare. Pendant l'été, elle vient probablement plus au sud, vers le Caucase, car on la voit souvent près de la mer Caspienne et sur le plateau du Danube. Cet oiseau n'est pas rare non plus dans les steppes de Sarepta. On le trouve également en Egypte, en Nubie et en Abyssinie.

Les lieux que cet oiseau recherche habituellement sont les vastes plaines très-pauvres en arbres ; aussi ne s'aventure-t-il que rarement dans les bois et sur les rochers. Il est très-prudent et craintif ; son vol, léger et rapide, a toujours lieu à une certaine hauteur ; cet oiseau s'élève souvent à la manière des aigles, en décrivant des cercles, et il paraît observer sa proie du haut des airs, ou bien encore, il la guette placé sur un petit monticule. Sa nourriture se compose principalement de muridés, de lézards et de serpents.

L'aire de cette buse est placée soit sur des versets de rocher, soit à terre contre une pente. La litière est formée de branchages, de paille, de foin, de poils et de laine ; elle présente un petit enfoncement vers son centre, dans lequel on trouve, vers le milieu d'avril, trois œufs, quelquefois cinq, mais cela est plus rare.

Selon le docteur Thienemann, le *B. rufinus,* qui habite l'Afrique, ne serait qu'un jeune individu du *B. leucurus.* Cette opinion a été confirmée par le docteur Cabanis, qui reçut d'Egypte un exemplaire adulte identique à ce dernier.

Milan parasite.

MILAN PARASITE.

MILVUS PARASITICUS, DAUD.

PARASITIA KITE. — SCHMAROTZER MILAN.

Temm., t. IV, p. 390. — Degl., t. I, p. 67. — Gould, t. I, pl. 30. — Bree, t. I, p. 103. — Malh., Faune de Sicile, p 27. — v. d. Mühle, Ornith. Griechenland's, n° 24. — Rüpp., Vgl. N.-O. Afrika's, n° 37. — Falco ater, Temm., — F. Ægyptius et F. Forskahlii, Gmel. — F. parasiticus, Lath. — Milvus ætolius, Savig. — M. Ægyptius, Lin. — M. leucorhynchus, Brehm.

Ce milan est un habitant de l'Afrique, et il se trouve sur ce continent depuis le cap de Bonne-Espérance jusqu'en Egypte; on l'a même déjà observé dans l'Asie Mineure. Sur le continent européen, on le rencontre en Turquie, en Grèce et en Dalmatie.

D'après Levaillant, cet oiseau serait très-franc et irait journellement près des tentes des voyageurs ou près des habitations pour chercher les restes d'animaux qu'on a jetés, et il revient même après avoir été chassé plusieurs fois.

La nourriture de ce milan se compose de petits mammifères et d'oiseaux, bien qu'il soit assez maladroit pour les prendre; mais ce sont les poissons qui forment ses aliments de prédilection.

L'aire de ce rapace est établi sur les arbres ou sur les rochers, dans des endroits marécageux, quelquefois aussi sur des roseaux ou sur des buissons de saules ; il est construit avec des branchages, recouverts de paille, de mousse et de laine, il contient le plus souvent deux à quatre œufs.

Cette espèce se distingue principalement du *Milvus atrofuscus* par la couleur de son bec qui est jaunâtre et par la forme de sa queue qui est plus fourchue que celle de ce dernier. Les œufs ne diffèrent pas non plus de ceux du *Milvus atrofuscus*, quoiqu'ils soient généralement sujets à un grand nombre de variations. Nous croyons toutefois que ces caractères sont insuffisants pour en faire une espèce distincte et que l'on doit considérer cet oiseau comme une simple variété climatique du *Milvus atrofuscus*.

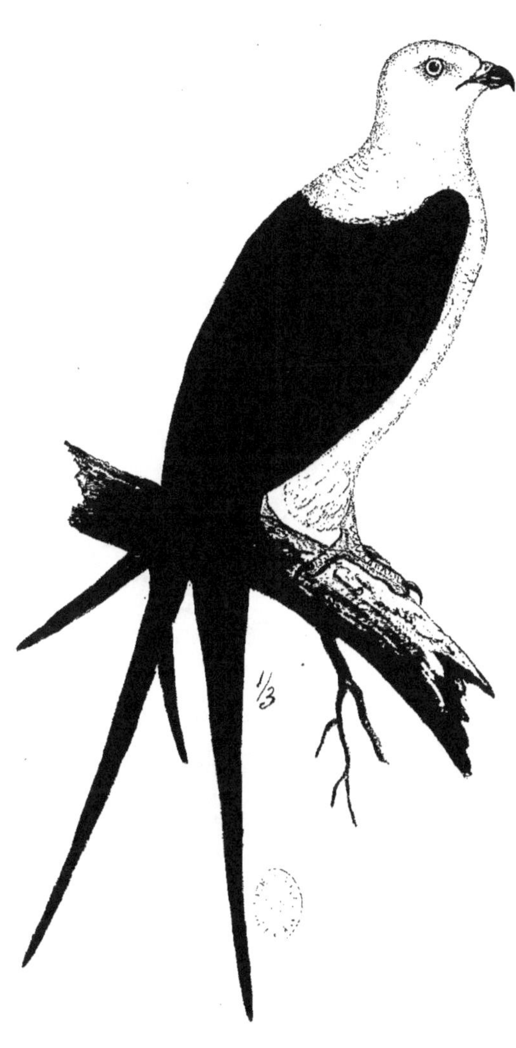

Milan à queue fourchue.

MILAN A QUEUE FOURCHUE.

MILVUS FURCATUS, JENYNS.

SWALLOUW-TAILED FALCON. — GABELSCHWANZ-MILAN.

Temm., t. IV, p. 590. — Gould, t. I, pl. 30. — Degl., t. I, p. 67. — Schleg., Rev., p. XI. — Wils., t. VI, pl. 51. — Falco furcatus, Ein. — Elanoïdes furcatus et C. Yetapa, Vieill. — Elanus furcatus, Degl. — Nauclerus furcatus, Vig. — Milvus carolinensis, Briss.

Ce rapace habite les régions de l'Amérique tropicale, et ce n'est que lorsqu'il s'égare qu'il parvient quelquefois, mais rarement, sur les côtes européennes. C'est ainsi qu'on en tua en Angleterre un exemplaire dans l'Argyleshire et un autre dans le Yorkshire. Sa véritable patrie est Surinam, le Brésil, le Pérou et le Chili ; il va en été jusque dans le midi des États-Unis, qu'il abandonne aux premiers jours de froid.

Il vit habituellement dans les bois et les prairies. Son vol est lent, le mouvement de ses ailes est quelquefois à peine visible et il décrit ainsi de vastes cercles au-dessus de la cime des arbres. On rencontre souvent plusieurs individus réunis, mais il est extrêmement difficile de les approcher à la portée du fusil, même lorsqu'il s'en trouve un qui s'est posé sur une branche, car les autres qui volent autour de lui ne le laissent pas tranquille et l'obligent à planer avec eux, probablement pour chercher leur nourriture. Celle-ci se compose de coléoptères, de sauterelles, de lézards et de serpents; ils enlèvent parfois des animaux dans leurs serres et les dévorent tout en volant.

L'aire de cet oiseau, grossièrement construit à l'aide de branchages, se trouve toujours placé sur un arbre élevé; il contient trois à quatre œufs.

Cresserelle cresserellette.

adulte, ♀ jeune.

CRESSERELLE CRESSERELLETTE.

CERCHNEIS TINNUNCULOIDES, BOIÉ

LESSER KESTREL. — RÖTHELFALKE.

Temm., t. I, p. 31. — Degl., t. I, p. 116. — Gould., t. I, pl. 27. — Bree, Birds of Eur., t. I, p. 48. — v. d. Mühle, Ornith. Griechenl., n° 11. — Naum., t. I, pl. 29. — Falco tinnunculoides, Natt. — F. tinnuncularius, Vieill. — F. gracilis, Less. — F. cenchris, Naum. — Cerchneis cenchris, Bonap.

Cette cresserelle habite dans le midi de l'Europe, la Grèce, la Sicile, l'Espagne et le Portugal ; elle est plus rare dans le midi de la France et en Hongrie, on l'a également observée dans le nord de l'Afrique, depuis l'Égypte jusqu'en Abyssinie.

La nourriture de cet oiseau se compose de différentes espèces d'insectes, de lézards et de taupes ; il suit souvent les sauterelles émigrantes *(Gryllus migratorius)* dans leurs voyages, et en fait une grande consommation. Il a l'habitude de planer et de battre beaucoup des ailes avant de fondre sur sa proie ; lorsqu'il a chassé quelque temps, et qu'il s'est bien repu d'aliments, il cherche une place agréable et facile pour faire sa digestion. Ses mœurs, son cri et son vol ressemblent à ceux de la cresserelle des clochers, et comme cette dernière, il aime à habiter les ruines et d'autres bâtiments en décrépitude. On le distingue facilement de la cresserelle des clochers, dont il diffère par sa taille qui est plus petite.

La cresserelle cresserellette construit son aire dans des ruines ou dans les crevasses des rochers ; M. le comte von der Mühle dit qu'en Grèce elle le bâtit souvent sous les toits des maisons. Les cinq ou six œufs que pond la femelle sont, quant à la couleur, identiques à ceux de la cresserelle des clochers, mais ils s'en distinguent par leur petitesse.

Crécerelle à pieds rouges

1. Mâle adulte, 2. jeune

CRÉCERELLE A PIEDS ROUGES.

CERCHNEIS RUBRIPES, DUBOIS.

RED-FOOTED KESTRIL. — ROTHFUSS FALKE.

Temm., t. I, p. 33. — Naum., t. I, pl. 28. — Gould, t. I, pl. 23. — Degl., t. I, p. 112. — Kittl., Kupf. der vög., pl. 3, fig. 1.—Malh., Faune de Sicile, p. 27.—v. d. Mühle, Ornith. Griechenl., n° 10. — Rüpp., Vög. N. O. Afrika's, n° 32. — Falco rufipes, Beseck. — F. vespertinus, Lin. — F. barletta, Sprüg. — F. turturinus, Herm. — F. rubripes, Less. — F. cuculo, Savi. — Tinnunculus vespertinus, Gray. — T. rufipes, Rüpp. — Erythropus vespertinus et E. obscurus, Breh. — Cerchneis vespertinus, Boie.

La crécerelle à pieds rouges habite la Sibérie, la Russie, la Hongrie et quelques parties de l'Allemagne; elle est plus rare dans le Tyrol et en Suisse. Au printemps elle visite l'Italie, la Provence et le sud de l'Angleterre.

Cet oiseau se tient dans les petits bois entourés de champs, dans le voisinage des terres cultivées, sur les lisières des grandes forêts, dans les parties boisées qui bordent les rivières et même sur les rochers. Il vole beaucoup et jusqu'après le coucher du soleil; lorsqu'il veut se reposer, il cherche des branches mortes, des poteaux ou des pierres. Sa voix est très-retentissante et ressemble beaucoup à celle de la crécerelle des clochers.

Cette espèce saisit souvent sa nourriture au vol, laquelle se compose de coléoptères, de libellules et particulièrement de sauterelles; elle prend même des araignées ainsi que des petits reptiles, mais plus rarement des petits oiseaux.

L'aire que se construit cet oiseau est composé de bûchettes, de racines et de mousse; mais le plus souvent il s'empare du nid d'une corneille pour y mettre ses œufs, mais si celle-ci fait trop de résistance et qu'il ne peut seul s'en rendre maître, il va chercher du secours parmi les oiseaux de son espèce. Ceux-ci se mettent aussitôt en devoir d'aider leur compagnon et de faire déloger la propriétaire légitime du nid, qui finit toujours par céder après un combat plus ou moins rude. Le nouveau possesseur du nid peut alors y déposer sans crainte ses quatre à cinq œufs.

Faucon blanc

FAUCON BLANC.

FALCO CANDICANS, GMEL.

WHITE FALCON. — WEISE FALKE.

Degl., t. I, p. 93. — Gould, BIRDS OF EUR., t. I, pl. 19. — Naum., t. XIII, pl. 390, fig. 1. — — FALCO GROENLANDICUS, Hano. — F. GYRFALCO, Pall. — HIROFALCO CANDICANS, Cuv. — GYRFALCO CANDICANS, Flem.

Ce faucon habite le Groenland, les côtes sud de la baie d'Hudson, la Sibérie jusqu'au Kamtchatka; il est commun en Islande, mais assez rare en Laponie, en Suède et en Norwége.

Les endroits montagneux et boisés sont ceux qu'il recherche de préférence; il se tient cependant aussi parfois au bord des lacs. Son vol est assez rapide et léger, ce qui lui est d'une grande ressource lorsqu'il poursuit les pigeons, les poules et les perdrix de neige dont il fait sa proie; ces dernières sont surtout sujettes à ses poursuites. Ce rapace attaque également les canards qui s'efforcent en vain de défendre leur progéniture et deviennent eux-mêmes victimes de leur dévouement.

Cet oiseau construit son aire sur un rocher, rarement sur un arbre; il paraît qu'il s'en sert encore l'année suivante. On y trouve le plus souvent deux œufs, rarement trois.

Le plumage des jeunes ressemble beaucoup la première année à celui du *F. islandicus*, mais chaque année le fond blanc apparaît d'une manière plus nette, tandis que les taches deviennent plus petites en prenant à peu près la forme d'une lancette. On rencontre cependant des individus de cette espèce qui sont presque entièrement blancs.

Faucon d'Islande.

1. Adulte, 2. Jeune.

FAUCON D'ISLANDE.

FALCO ISLANDICUS, BRUN.

ICELAND FALCON. — ISLÄNDISCHE FALKE.

Temm., t. III, p. 9. — Degl., t. I, 93. — Gould, t. I, pl. 19. — Naum., t. I, pl. 21. — Falco gyrfalco, Lin. — F. arcticus, Holb. — F. sacer, Gmel. — F. fuscus, Brün. — F. candicans islandicus, Schleg. — F. groenlandicus, Ham. — F. candicans, Gmel. — Gyrfalco islandicus, Briss. — Hierofalco islandicus, Cuv. — H. gyrfalco, Eytan. — H. groenlandicus, Brehm.

Ce faucon habite le mont Altaï, les monts Ourals, ainsi que d'autres montagnes de la Sibérie jusqu'au Kamtchatka et au Groenland. Il est assez commun en Islande, en Laponie, au nord de la Norwége et de la Russie d'Europe. Vers la fin de l'automne, plusieurs individus, surtout des jeunes, émigrent plus vers le sud de la Norwége, mais il est rare qu'ils arrivent en Allemagne.

Cet oiseau, le plus grand parmi les faucons nobles, s'apprivoise aisément; aussi dans le moyen âge s'en servait-on avec succès dans la chasse dite au faucon.

Le faucon d'Islande est considéré par plusieurs ornithologistes comme une espèce distincte, mais les caractères qu'on lui donne généralement, ne sont pas stables, et peuvent être rapportés au *Falco candicans.* Nous nous sommes occupé depuis plusieurs années de cet oiseau, et nous avons étudié avec soin ses différents âges, mais malgré cela, nous n'avons pu nous résoudre à l'adopter comme une espèce. Il se trouve actuellement au Musée royal d'histoire naturelle de Bruxelles, huit individus du *F. islandicus* et du *F. candicans;* là tout connaisseur pourra facilement se convaincre de ce que nous avançons. Ainsi, si l'on compare ces deux oiseaux adultes, on leur trouve une différence plus ou moins marquée; mais si l'on place entre eux leurs âges intermédiaires, il n'y a plus à douter que l'un ou l'autre de ces faucons n'est qu'une variété climatique dont la différence de coloration ne doit être attribuée qu'à l'influence de la température.

Faucon gerfaut

FAUCON GERFAUT.

FALCO GYRFALCO, LIN.

JER-FALCON. — GIERFALKE.

Schleg., Rev., p. 11. — Degl., t. I, p. 98. — Bree, Birds of Eur., t. I, p. 21. — Falco candicans, Gmel.— F. islandicus, Brun.— F. groenlandicus, Brehm. — F. cinereus, Daud.—F. arcticus, Holb.

Ce rapace habite la Russie, la Laponie, la Suède et la Norwége; en hiver, il visite, pendant ses migrations, les côtes du nord de l'Allemagne et de la Hollande.

Le faucon gerfaut se tient habituellement dans les lieux boisés et montagneux, où on le voit souvent voler avec rapidité en rasant le sol, pour s'élever ensuite à une grande hauteur.

Il vit uniquement de rapine et fait une chasse assidue aux poules, aux pigeons, aux canards et à d'autres oiseaux; son instinct destructeur l'a fait employer avec succès dans la fauconnerie.

Cet oiseau construit son aire sur un rocher ou sur un arbre élevé; sa ponte est de deux ou trois œufs.

Selon la plupart des naturalistes, les *Falco candicans*, *islandicus* et *gyrfalco* ne seraient qu'une seule et même espèce; nous ne pouvons que nous rallier à cette opinion.

Dans le supplément de l'ouvrage de Naumann, le *F. gyrfalco* est considéré comme une véritable espèce, et il s'y trouve représenté d'après une figure donnée par Schlegel dans son *Traité de fauconnerie*.

26.

Faucon lanier.

1. Adulte 2. Jeune

FAUCON LANIER.

FALCO LANARIUS, BELON.

LANNER FALCON. — LANNERFALKE.

Temm., t. I, p. 20. — Degl., t. I, p. 101. — Brée, t. I, p. 37. — Schleg., Rev., p. 2. — v. d. Mühle, Ornith griechenl., n° 7. — Lanarius cinereus, Briss. — Falco Feldegii, Schleg.

Ce faucon habite les contrées du Nord et du milieu de l'Asie; on le rencontre également en Islande ainsi que dans les pays du Nord de l'Europe, jusqu'aux déserts les plus éloignés de la grande Tartarie, où il est très-commun.

On le trouve particulièrement près de l'Irtisch et du Volga, d'où il émigre parfois, mais rarement, pour venir en Suède, en Norwége, en Pologne et en Hongrie ; il a même déjà été pris en Allemagne, où on le considère comme une grande rareté.

Les lieux que ce rapace recherche de préférence sont les lisières des bois de peu d'étendue et les bords des eaux courantes.

C'est un oiseau excessivement farouche et prudent; on peut cependant l'apprivoiser facilement, et les peuplades des steppes asiatiques l'emploient beaucoup à la chasse.

L'aire est construite sur un arbre ou sur un rocher, quelquefois aussi dans l'oasis d'un désert. Elle est formée de bûchettes et bourrée intérieurement de radicelles et de brins d'herbe ; elle contient trois à quatre œufs.

Les jeunes, lorsqu'ils sont encore incapables de voler, suivent déjà à grands cris leur mère : c'est alors que les Calmouks les prennent pour les dresser à la chasse.

Faucon sacré

FAUCON SACRÉ.

FALCO SACER, LIN.

SACER FALCON. — SAKERFALKE.

Temm., t. I, p. 20. — Degl., t. I, p. 99. — Schleg., Rev., p. 11. — Bree, Birds of Eur., t. 1, p. 31. — Pall., Zoogr., t. I, p. 330, n° 14. — Falco lanarius, Temm.

On rencontre ce faucon dans une grande partie de l'Asie, ainsi qu'en Suède, en Norwége, en Russie, en Pologne, en Hongrie et quelquefois même, mais rarement, en Allemagne.

Ce rapace vit dans les régions montagneuses et boisées, parfois aussi au bord des lacs. C'est un oiseau entreprenant et courageux qui occasionne de grands dégâts dans les basses-cours, en enlevant les poules, les canards, les pigeons et autre volaille dont il fait sa proie. Plusieurs peuplades asiatiques ont mis son instinct ravisseur à profit, pour le dresser à la chasse.

La nidification a lieu sur les arbres ; la femelle pond deux à trois œufs.

Ce faucon se caractérise par une tache de couleur foncée qu'il a sur le côté du cou. Il n'est cependant pas rare de rencontrer des individus où cette tache est à peine visible, et alors il ressemble en tout point au *Falco lanarius*. Dans son jeune âge, il ne diffère non plus de ce dernier : il a comme lui les pattes et la cire du bec d'un gris bleuâtre. On peut donc le considérer comme une variété climatique.

Faucon Eléonore,

1. Adulte, 2 jeune

FAUCON ÉLÉONORE.

FALCO ELEONORÆ, GÉNÉ.

ELEONORA FALCON. — LEONORENS FALKE.

Géné. Mem. della Accad. de Torino, t. II, 1840. — Naumannia, t. I, p. 31.— Tem., t. IV, p. 593. — Dendrofalco eleonoræ, Bonap. — D. gracilis, Br.— Falco arcadicus, Linderm. — F. gracilis (jeune), Brehm.

Ce faucon habite la Nubie et l'Egypte ; on a aussi constaté sa présence en Asie mineure, et M. Géné le découvrit en Sardaigne. Cet oiseau a même été observé en Dalmatie, en Hongrie et en Ligurie, et l'on dit qu'il vient accidentellement en Allemagne.

D'après ce que l'on dit des mœurs de cette soi-disante espèce, elles paraissent être identiques à celles du *Falco subbuteo*. A notre point de vue, nous ne pouvons que rayer cet oiseau de la liste des véritables espèces et le placer dans celle des variétés climatiques. D'ailleurs son plumage ne varie que peu de celui du *F. subbuteo,* et tout ornithologiste pourra facilement s'en assurer en comparant les figures que nous en donnons.

La plupart des naturalistes ont confondu le *F. eleonoræ* tantôt avec le *F. concolor* et tantôt avec le *F. ardosiaceus*. La figure que M. Gould donne (*Birds of Europ*) pour le *F. eleonoræ* ne peut être comparée à aucun des oiseaux que nous venons de citer.

Quant aux œufs, ils ne présentent également aucun caractère distinctif ; ceux que les marchands vendent comme provenant du *F. eleonoræ*, présentent une légère variation de couleur qu'on rencontre cependant bien souvent parmi les œufs de la véritable espèce.

Faucon concolore,

1. Adulte, 2 et 3 jeunes.

FAUCON CONCOLORE.

FALCO CONCOLOR, TEMM.

UNIFORM-FALCON. — EINFARBIGE FALKE.

Naumannia, t. I, p. 475. — Degl., t. I, p. 108. — Jaub. et Barth., RICH. ORNITH. DU MIDI DE LA FRANCE, p. 57. — HYPOTRIORCHIS CONCOLOR, Gray. — FALCO UNICOLOR (jeune), Lichst. — F. ARCADIUS, Lind.

On trouve cet oiseau au nord de l'Afrique, en Barbarie, au Maroc et probablement aussi dans quelques pays limitrophes; il visite de temps en temps l'Espagne, la Sardaigne et le midi de la France; d'après M. le docteur Jaubert, plusieurs individus auraient été tués près de Marseille.

Son vol est très-rapide : il fond souvent d'une grande hauteur dans les broussailles pour y prendre une proie, puis il s'élève de nouveau avec une rapidité incroyable afin de chercher un endroit convenable pour dévorer sa victime. Ce rapace fait une chasse active aux petits oiseaux et aux lézards, avec beaucoup d'adresse.

Il niche sur des arbres très-élevés, ordinairement sur ceux situés sur la lisière des bois. Son aire est formée de branchages légèrement entassés, et ne présente vers son centre qu'un léger enfoncement; elle est tapissée intérieurement de feuilles mortes sur lesquelles reposent deux œufs.

Les *Falco eleonoræ*, *concolor* et *ardosiaceus* ont généralement été confondus, comme nous l'avons déjà dit; aussi, voyons-nous en dernier lieu, les auteurs des *Richesses ornithologiques du midi de la France* commettre la même erreur que leur prédécesseur M. Degland, c'est-à-dire, qu'ils figurent des jeunes du *Falco concolor* pour le *F. eleonoræ*.

Faucon ardoisé

FAUCON ARDOISÉ.

FALCO ARDISIACEUS, VIEILLOT.

GREY FALCON. — SCHIEFERGRAUE FALKE.

Vieill., Encycl., p. 1238. — Bonap., Consp., t. I, p. 26. — Swains., Birds of W. Afrika, t. I, p. 112, pl. 3 (décrit sous le nom de *F. concolor*). — Hartl. Ornith. W. Afr., p. 9. — Pucher. Rev. et Mag. de Zool., 1850, p. 90. — Fritz. Journ. Arnith., t. III, p. 266. — Falco concolor, Tem. — Aesalon ardesiacus, Bonap.

Ce rapace est un habitant de la Sénégambie, du Maroc et probablement aussi de plusieurs pays voisins. Il se montre accidentellement en Andalousie, d'où je le reçus avec d'autres oiseaux de ce pays.

Selon divers observateurs, c'est un oiseau agile, dont le vol est léger, et qui aime à se percher sur une branche découverte de la sommité d'un arbre élevé. Très-farouche et prudent, il ne dort que caché dans le touffu d'un arbre ; à cause de cette grande prudence et de la rapidité de son vol, il est très-difficile de l'atteindre, et c'est un véritable hasard de l'avoir à portée de fusil. Il est donc à présumer que cet oiseau se montre assez souvent dans le sud de l'Europe sans qu'on en ait connaissance.

Le faucon ardoisé se nourrit de petits oiseaux qu'il saisit au vol, mais il ne dédaigne pas les sauterelles, les coléoptères et les autres insectes.

Il niche au sommet d'un arbre élevé : le nid est formé de buchettes et de tiges de plantes herbacées ; l'intérieur se compose d'une couche de mousse et de poils, sur laquelle reposent trois ou quatre œufs.

Epervier gabar

ÉPERVIER GABAR.

NISSUS GABAR, CUV.

GABAR HAWK. — GABAR-SPERBER.

Schleg., Rev. p. V. — Bree, Birds of Eur., t. I, p. 51. — Cuv., Reg. an. t. 1, p. 333. — Daud., t. II, p. 87. — Le Vaill., Ois. d'Afr., t. I, pl. 33. — Swains, Birds W. Afr., t. 1, p. 121. — Hartl. Ornith. W. Afr., p. 15, n° 31. — Falco gabar, Lath. — Sparvius leucorhous, Vieill. — Micronisus gabar, Gray. — Accipiter erythrorhynchus, Swains. — Astur gabar, Kaup.

Ce rapace habite l'Abyssinie, la Nubie, l'Égypte, le Sénégal et la Gambie; il visite parfois le Portugal, les Pyrénées, et d'après M. Schlegel, la Grèce.

L'épervier gabar est d'un naturel hardi et entreprenant. Son vol est rapide; après avoir décrit pendant quelque temps des circonvolutions dans les airs, il s'abat tout d'un coup sur une proie qu'il va dévorer en repos dans un endroit écarté. Il n'attaque généralement que de petits mammifères, de petits oiseaux et des lézards. La faim une fois satisfaite, il aime à se reposer sur le sommet d'un arbre élevé, d'où il peut observer le danger de loin et l'éviter à temps.

Cet oiseau niche sur un arbre très-élevé Son aire, fixée entre des branches fourchues, se compose d'un tas de branchages; une couche de fines buchettes sert de litière aux trois ou quatre œufs que dépose la femelle.

Epervier pélerin.
1. Mâle 2 femelle.

ÉPERVIER PÈLERIN.

NISUS PEREGRINUS, BREHM.

PEREGRINE SPARROW. — WANDER SPERBER.

Temm., t. III, p. 29. — Degl., t. I, p. 86. — Bree, BIRDS OF EUR. NOT OBS. IN THE BRIT. ISLES, t. IV, p. 185. — Brehm, HANDB. ALLER VÖG. DEUTSCHL., p. 88. — Meis. et Sch. VÖGEL DER SCHWEIZ, p. 21 — Falco nisus major, Beck. — F. Gurneyi, Bree. — F. major, Bork.

Cet épervier fut décrit pour la première fois dans l'ornithologie de Becker ; plus tard il fut adopté au nombre des oiseaux de la Suisse par Meisner et Schinz. Depuis lors, cet oiseau a été rejeté par la plupart des naturalistes comme n'étant pas une espèce distincte. Cependant M. Brehm l'admet et le décrit sous le nom de *Nisus peregrinus*, dans son ouvrage intitulé « *Handbuch aller Vögel Deutschland* » comme une espèce visitant l'Allemagne. Ce nom nous paraît le plus convenable, car l'oiseau nous vient de l'Asie, qui doit être sa véritable patrie. L'épervier pèlerin fut ensuite adopté par M. Degland, et en dernier lieu par M. Bree. Ce dernier eut même l'occasion de comparer plusieurs individus. Les mâles ne présentent pas de teinte roussâtre sur les côtés de la partie abdominale, et les deux sexes ont presque la même taille. Mais nous nous demandons si l'on est bien certain de l'identité des sexes, car cela ne peut être contrôlé anatomiquement sur des individus empaillés ; l'absence de la teinte roussâtre peut bien n'être qu'une variation de couleur occasionnée par le climat. Nous croyons donc que la question ne peut être tranchée que lorsqu'on aura tué les deux sexes près de leur aire, et que la chose aura été vérifiée le scalpel à la main. Nous ne garantissons pas, pour cette raison, que la figure que nous donnons sur la planche ci-contre soit celle d'une femelle, car l'individu que nous avons sous les yeux pourrait bien n'être qu'un jeune.

L'épervier pèlerin visite, pendant ses migrations, l'Allemagne, la Suisse, la Belgique et la France.

Epervier de Dussumier,
1. Mâle; 2. femelle.

ÉPERVIER DE DUSSUMIER.

NISUS DUSSUMIERII, DUBOIS.

DUSSUMIER'S SPARROW — HAWK. — DUSSUMIER'S SPERBER.

Bree, Birds of Eur. not obs. in the Brit. isles, t. I, p. 191. — Caban. Journ. für Ornith. t. XII, p. 67. — Falco badius, Gmel.— F. Dussumierii, Tem.— Micronisus badius, Bonap. — Astur brevipes, Syk.— Accipiter badius, Gray. — A. scutarius et A. fringillaroïdes, Hod.

Cet épervier habite le Sénégal, l'Abyssinie et l'île Dahalak, où il fut observé par le docteur Rüppell. En Europe, il a été pris en Portugal; M. le docteur Krüper le trouva en Grèce et dans les environs de Smyrne. M. Krüper, à qui l'ornithologie européenne doit un si grand nombre de faits intéressants sur les mœurs et la propagation de certaines espèces rares, trouva l'aire de cet oiseau avec quatre œufs dans les environs de Burnova.

L'épervier de Dussumier montre une grande agilité dans la chasse qu'il fait aux petits oiseaux, tels que alouettes, bruants, mésanges, etc.; il attaque souvent aussi avec acharnement les souris, les taupes et autres micro-mammifères. Il paraît ne pas dédaigner les lézards et les petits serpents. La femelle, dont la taille est plus forte, s'attaque souvent à des pigeons et à des perdrix. Le docteur Rüppell dit que l'épervier de Dussumier paraît affectionner les mimosa, car on le voit généralement sur ces arbres pour guetter une proie ou pour faire sa digestion.

La nidification se fait sur un arbre très-élevé; l'aire est aplatie, formée de graminées et de tiges herbacées. Elle contient trois ou quatre œufs.

Busard blafard.

1 adulte, 2 jeune

BUSARD BLAFARD.

CIRCUS PALLIDUS, SYK.

PALE-CHESTED HARRIER. — BLASSE WEIHE.

Temm., t. IV, p. 595. — Degl., t. I, p. 80. — Gould, t. I, pl. 34. — Naum., t. XIII, — v. d. Mühle, Faun. Griechenl., n° 28. — Falco dalmatinus, Rüp. — Strigiceps pallidus, Bonap. — Circus Swainsonii, Smith. — C. cineraceus pallidus, Schleg.

Ce busard habite en Afrique la partie orientale de la colonie du Cap ; il est commun en Tauride, au sud de la Russie, en Turquie, en Grèce, en Hongrie et en Dalmatie; on le prend aussi de temps en temps en Allemagne. En septembre 1858, un de ces busards fut tué près de Verviers en Belgique. Il a été également observé au sud de l'Asie.

C'est un oiseau de passage qui commence ses migrations avec les premiers jours de l'automne. Il ne séjourne que dans les endroits découverts, tels que les prairies, les pâturages plantés de quelques arbres ou bordés de broussailles, mais l'eau ou le marécage ne doit pas y manquer.

Le busard blafard fait sa proie de petits mammifères, d'oiseaux, d'œufs et d'insectes; il vole à cet effet très-bas au-dessus des champs de blé, et dès qu'il a aperçu un animal quelconque, il s'élance dessus. Ce n'est qu'après avoir bien satisfait son appétit qu'il se repose pendant un temps assez long; ce repos a lieu habituellement vers l'heure du midi.

L'aire de ce busard est placé à terre entre des herbes élevées ou des broussailles, parfois aussi dans des champs de céréales; il est composé de tiges sèches, de paille ou de foin et de feuilles de roseaux; tous ces matériaux forment un tas sur lequel reposent quatre à cinq œufs.

Chouette poussin.

CHOUETTE POUSSIN.

STRIX PUSILLA, DAUD.

LITTLE OWL. — ZWERGEULE.

Temm., t. I, p. 96. — Degl., t. I, p. 136. — Gould, t. I, pl. 50. — Glaucidium passerinum, Bonap. — Surina passerina, Boie. — Athene passerina, Gray. — Strix acadica, Gmel. — S. acadiensis, Lath. — S. pygma, Bechst. — S. passerina, Linn.

On rencontre cette chouette dans les régions montagneuses et boisées du nord de l'Europe, à partir du centre de la Suède, de la Laponie et de la Russie jusqu'en Pologne, en Hongrie et dans les Alpes de la Suisse.

Cet oiseau se tient volontiers dans les grandes forêts de conifères où sa petite taille le cache facilement aux yeux d'un observateur. Ce n'est qu'en automne ou en hiver qu'il descend dans les plaines pour s'aventurer dans les petits bois, car on ne le voit que très-rarement dans les lieux découverts ou dans les environs des villages; il est alors poursuivi avec force clameurs par les petits passereaux qui le mettent bientôt en fuite. La chouette poussin est assez leste dans ses mouvements; au crépuscule elle commence sa chasse aux souris, aux petits oiseaux et aux insectes qui lui servent de nourriture.

La nidification a lieu dans le creux d'un arbre, et de préférence dans un hêtre. Les deux à quatre œufs que pond la femelle, reposent sur une faible litière de copeaux.

Chouette méridionale.

CHOUETTE MÉRIDIONALE.

STRIX MERIDIONALIS, BREHM.

SOUTHERN OWL. — SÜDLICHER STEINKAUZ.

Savigny, DESCR. DE L'ÉGYPTE, vol. 23, p. 287.—Rüppel, NEUE WIRBELT., VÖGEL, p. 45.—Schleg., REVUE, p. XV. — v. d. Mühle, ORNITH. GRIECHENL., n° 35. —STRIX (NOCTUA) PASSERINA, Rüpp. — S. NOCTUA MERIDIONALIS, Schleg.— SURNIA NOCTUA, Retz. — NOCTUA NILOTICA, P. de Wurt. — ATHENE MERIDIONALIS, Brehm.

Cette chouette se rencontre en Égypte, en Grèce, en Espagne et en Portugal.

Les lieux que cet oiseau habite de préférence sont les ruines, les grands bâtiments solitaires et les trous de rochers, mais plus rarement les arbres creux des bois. Il passe la plus grande partie du jour à dormir dans ces endroits, mais il lui arrive aussi quelquefois de se mettre sur le versant d'un rocher d'où il s'envole à l'apparence du moindre danger, que sa vue perçante lui permet de voir à une grande distance, malgré la vive lumière du jour. Ce n'est cependant qu'au crépuscule qu'il commence ses joyeux ébats; il parcourt alors d'un vol rapide les environs, en saisissant les petits oiseaux, les souris, les reptiles et surtout les insectes qu'il trouve sur son passage et qui doivent lui servir de nourriture; il en porte même dans son habitation pour les manger pendant le jour.

La chouette méridionale n'est qu'une variété climatique du *Strix noctua;* elle niche dans les fentes des vieux murs, dans les crevasses des rochers et parfois dans les trous d'arbres creux. Elle ne se construit pas de nid, et dépose simplement ses quatre à sept œufs sur une litière de terre ou d'autres matières qui se trouvent par hasard dans son trou.

Chouette de l'Oural.

CHOUETTE DE L'OURAL.

STRIX URALENSIS, PALLAS.

URAL OWL. — URALISCHE EULE.

Temm., t. 1, p. 84. — Degl., t. 1, p. 124. — Gould, t. I, pl. 44. — Bree, t. 1, p. 114. — Surnia uralensis, Dumr. — Syrnium uralensis, Bonap. — Ulula uralensis. Keys. et Blas. — U. litturata, Cuv. — Strix litturata, Retz. — S. macroura, Natt. — S. butalis, Herm.

Cette chouette est très-répandue sur les monts Ourals, dans le nord de la Russie et de la Pologne; durant l'été, on l'observe aussi dans la partie septentrionale de la Suède et de la Norwége, mais il n'y est pas commun. Bien que les migrations de ces oiseaux ne soient pas de longue durée, elles leur permettent cependant de venir dans les bois de la Livonie et de l'Esthonie et même quelquefois, mais accidentellement, jusque dans ceux de la Galice, de la Hongrie et de l'Autriche.

Pendant le jour, cet oiseau se tient dans les endroits les plus touffus des forêts et sur les rochers. Il craint peu le voisinage de l'homme; malgré cela il est d'un naturel très-farouche, et l'on ne peut que difficilement le tirer. Vers le soir, il s'aventure dans les lieux découverts en planant avec beaucoup de légèreté sur les domaines du gibier qui doit lui servir de pâture. C'est principalement aux jeunes lièvres, aux hamsters, aux souris, ainsi qu'aux perdrix et autres petits oiseaux, que cette chouette fait la chasse. Elle ne craint cependant pas d'attaquer des animaux plus grands qu'elle; ainsi on l'a vu plus d'une fois livrer des combats à des hérons, en les harcelant à coups de bec et de serres jusqu'à ce qu'elle fût vainqueur.

L'aire de ce rapace nocturne est cachée dans des trous de rocher ou dans le creux d'un gros arbre; elle est composée de branchages, de paille et de foin. La ponte est de trois à quatre œufs.

Chouette nébuleuse

CHOUETTE NÉBULEUSE.

STRIX NEBULOSA, FORSTER.

THE BARRED OWL. — NEBELIGE-EULE.

Turt. Syst. 169. — Arct. Zool, p. 234, n° 122. — Lath., I, p. 133. — Peale's Museum, n° 464. — Wils. Am. Ornith., IV, pl. 33, fig. 2. — Richards. et Swains. Fauna Bor.-Am. p. 82. — Bonap. Syn. p. 38. sp. 30. — *Strix acclamator,* Bartr.

C'est la chouette la plus commune de l'Amérique du Nord. En hiver, elle est surtout abondante dans la partie méridionale de la Pensylvanie, près des bois qui bordent la Delaware et la Schuylkill. En Europe, elle s'est montrée accidentellement en Grande-Bretagne.

On rencontre souvent cet oiseau volant pendant le jour, et il est certain qu'il voit alors mieux que la plupart de ses congénères.

Cette espèce fait la chasse aux volailles, aux jeunes lapins, aux souris et aux autres petits mammifères.

Wilson dit avoir trouvé un nid contenant trois jeunes, dans le creux d'un chêne et au milieu d'un feuillage épais. Ce nid était grossièrement fait à l'aide de buchettes enchevêtrées d'herbes sèches et de paille, et lié de brindilles plus fines.

Chouette lapone.

CHOUETTE LAPONE.

STRIX LAPPONICA, RETZ.

LAP OWL. — LAPPLÄNDISCHER KAUZ.

Temm., t. I, p. 81. — Degl., t. I, p. 126. — Gould., t. I, pl. 42. — Naum., t. XIII, pl. 349. — Bree, Birds of Eur., t. I, p. 118. — Ulula lapponica, Less. — U. barbata, Keys. et Blas. — Syrnium cinereum, Bonap. — Strix barbata, Pall. — S. fuliginosa, Shaw. — S. cinerea, Gmel.

La chouette lapone habite la baie d'Hudson, le Labrador jusqu'au Canada; on la trouve cependant aussi dans le nord de l'Asie, en Russie et en Laponie. Ce n'est que pendant les hivers bien rigoureux qu'elle vient en Finlande, en Suède, en Norwége, et parfois même jusqu'en Allemagne.

C'est un oiseau essentiellement forestier, qui ne quitte que bien rarement les bois. Son vol est silencieux et le mouvement de ses ailes très-lent; en traversant les airs, cette chouette fait quelquefois entendre un son rude analogue à *hou hou hou hou hou*.

Pour satisfaire son appétit vorace, elle fait une chasse assidue aux différentes espèces de souris, aux jeunes lièvres, aux lapereaux, ainsi qu'aux perdrix et autre gibier de cette nature. On peut s'emparer facilement de cet oiseau, car il n'est point craintif et ne fuit que rarement, comme le font la plupart des oiseaux du Nord, la présence de l'homme dont les poursuites lui sont pour ainsi dire inconnues.

Cette chouette niche dans la cime des vieux arbres des forêts; l'aire est formé de branchages sur lesquels reposent deux à trois œufs. Elle met aussi souvent à profit l'aire abandonné d'un autre oiseau de proie.

Chouette de neige.

CHOUETTE DE NEIGE.

STRIX NIVEA, DAUD.

SNOWY OWL. — SCHNEE-EULE.

Temm., t. I, p. 82. — Gould, t. I, pl. 43. — Degl., t. I, p. 127. — Wils., t. IV, pl. 53. — NOCTUA NYCTEA, Cuv. — NYCTEA NIVEA, Bonap. — N. ERMINEA, Step. — N. CANDIDA, Swains. — SURNIA NYCTEA, Selby. — STRIX NYCTEA, Lin. — ST. CANDIDA, Lath. — ST. ERMINEA, Shaw.

Cette chouette habite des régions polaires, elle vit sur les rochers les plus arides, à l'extrême nord de l'Europe, de l'Asie et de l'Amérique. On la rencontre généralement en Islande, en Laponie, en Finlande, en Suède, en Norwége et en Gallicie, et elle vient parfois même jusqu'en Allemagne.

Cet oiseau habite les lieux les plus tristes, où il n'existe pour ainsi dire aucune trace d'être humain, et s'il se trouve dans le voisinage des habitations de l'homme, il s'en éloigne toujours le plus possible. Peu craintif et imprudent au début de ses migrations, il ne tarde pas à devenir farouche; il est très-agile, d'un naturel gai et supporte le froid le plus rigoureux des hivers polaires; son vol est assez rapide même en plein soleil.

L'agilité qu'il déploie en volant, lui est très-avantageuse pour la chasse qu'il livre aux lièvres, aux lapins, aux rats, aux souris et principalement aux perdrix de neige, ainsi qu'à d'autres oiseaux dont il fait sa nourriture.

Le nid de cette chouette est très-légèrement construit à terre ou entre des crevasses de rocher; il contient trois à quatre œufs.

Nous mentionnerons, au sujet de cet oiseau, une particularité digne de remarque, c'est que les mâles très-adultes de cette espèce ne sont presque pas tachetés.

Hibou sibérien.

HIBOU SIBÉRIEN.

OTUS SIBIRICA, LEACH.

SIBERIAN EARED-OWL. — SIBIRISCHE OHREULE.

Briss., t. I, p. 141. — Lin., FAUNA SUECICA. — Swains, FAUNA BOR. AM., p. 86. — HELIAPTEX ARCTICUS, Swains. — BUBO ARCTICA, Ranz. — B. PALLIDUS, Brehm. — STRIX VIRGINIANA, Gmel. — S. SCANDIACA, Lin. — S. ARCTICA, Swains. — S. SIBIRICA, Lichst.

Ce rapace nocturne est un habitant de la zone polaire arctique et on le rencontre, jusqu'aux limites de l'océan Glacial, dans les contrées de l'Europe, de l'Asie et de l'Amérique, placées dans cette zone.

Cet oiseau vit sur les rochers dénudés de ces pays déserts, et le voyageur assez téméraire pour s'aventurer dans de pareilles contrées, ressent souvent une crainte, dont il ne s'explique pas la cause, en entendant dans le lointain les cris lents et lugubres de ce rapace, répétés par des échos sans nombre, surtout lorsqu'une aurore boréale vient éclairer de sa faible lumière cette terre couverte de son linceul de neige. Ces cris ressemblent à *ouhou, pouhou, pouhou.*

Nous devons cependant faire observer que lorsque l'hiver est trop rigoureux, cet oiseau émigre vers le centre de la Sibérie et quelquefois aussi en Laponie et en Norwége.

A cause de sa grande force, le hibou sibérien ne fait sa proie que de chevrotins, de faons de cerfs et de rennes, ce qui ne l'empêche pourtant pas de prendre des perdrix, des canards, des oies et autres volatiles.

Cet oiseau niche dans les trous des rochers, où la femelle ne pond qu'un ou deux œufs qui ne reposent que sur une bien faible litière.

Avant de terminer l'histoire de cette espèce, nous devons encore ajouter qu'elle n'est qu'une variété climatique du hibou grand-duc, car à mesure qu'on approche des contrées tempérées, le plumage de cet oiseau ressemble de plus en plus à celui de ce dernier.

Hibou ascalaphe.

HIBOU ASCALAPHE.

OTUS ASCALAPHUS, CUVIER.

ASCALAPH OWL. — ASCALAP EULE.

Temm., t. III, p. 52. — Degl., t. I, p. 143. — Gould, t. I, pl. 38. — Brec, BIRDS OF EUR., t. I, p. 30. — Schleg., REV., p. XIII. — STRIX ASCALAPHUS, Vieil. — ASCALAPHIA SAVIGNII, Gray. — BUBO ASCALAPHUS, Savig.

Ce rapace nocturne habite l'Égypte, le nord de l'Afrique et la Perse ; il arrive accidentellement en Sicile et en Sardaigne.

Cet oiseau se tient habituellement dans les pays montagneux et boisés. Il sort de sa retraite dès le crépuscule, et commence déjà sa chasse lorsque ses congénères se livrent encore au repos ; il est à remarquer qu'il craint peu la lumière du jour. Le moindre bruit le met dans une grande inquiétude ; sa vigilance lui fait bientôt connaître le danger et lui permet de s'en éloigner à temps ; aussi est-il très-difficile de s'en emparer. Il n'est pas rare d'entendre sa voix rauque pendant qu'il guette les petits mammifères et les oiseaux dont il se nourrit.

Le hibou ascalaphe niche dans des trous obscurs de rochers ou dans des arbres creux. Les deux ou trois œufs que pond la femelle reposent sur une faible litière de détritus ligneux.

Engoulevent à collier roux.

ENGOULEVENT A COLLIER ROUX.

CAPRIMULGUS RUFICOLLIS, TEMM.

RUSSED-NECKED NIGHTJAR. — ROST-HALSBAND NACHTSCHWALBE.

Temm., t. I, p. 438. — Degl., t. I, p. 369. — Gould, t. II, pl. 52. — Schleg., REVUE, p. XX. — Meyer, VÖGELK., t. III, p. 112. — Malh., OIS. D'ALGÉRIE, p. 18. — CAPRIMULGUS RUFITORQUES, Vieill.

L'engoulevent à collier roux habite le nord de l'Afrique, l'Algérie, l'Espagne, surtout l'Andalousie, la Grèce et l'Italie; mais il est plus rare dans ce dernier pays et ne vient qu'accidentellement dans le midi de la France.

C'est un oiseau excessivement timide, qui se tient caché le plus souvent à terre, sous des broussailles et dort pendant la plus grande partie du jour; mais dès que le soleil arrive à son déclin, il abandonne sa retraite pour prendre son essor. Son vol est léger, silencieux et rapide, et pendant les beaux clairs de lune, il passe toute la nuit à sillonner les airs. De temps à autre, cependant, il se met sur une forte branche d'arbre de manière que tout son corps repose à la fois sur cette branche et il fait alors résonner son cri lugubre, qui est assez désagréable à entendre dans un bois durant la nuit, surtout pour les personnes peureuses.

La nourriture de cet oiseau consiste en papillons nocturnes, en coléoptères et principalement en hannetons, que sa vaste cavité buccale lui permet de prendre au vol avec une grande célérité. Il est presque insatiable et rend de grands services par la quantité d'insectes nuisibles qu'il détruit chaque jour.

Cet engoulevent ne construit pas de nid; la femelle cherche une petite excavation, bien abritée sur le sol, où elle dépose ses deux œufs sur un lit de mousse.

Martinet alpin

MARTINET ALPIN.

CYPSELUS ALPINUS, TEMM.

ALPINE SWIFT. — ALPEN SEGLER.

Temm., t. I, p. 433. — Naum, t. VI, pl. 147. — Gould, t. II, pl. 52. — Degl., t. I, p. 365. — Malh., Faune de Sicile, p. 101. — Savi, Ornith. Tosc., t. 1, p. 172. — v. d. Mühle, Ornith. Griechenl., n° 39. — Hirundo melba, Lin. — H. alpina, Scop. — H. major hispanica, Briss. — H. gularis, Steph. — Apus melba, Cuv. — Micropus alpinus, Mey. et Wolf. — H. melerba, Boie. — Cypselus melba, Illig.

Cet oiseau habite le sud de l'Europe ainsi que les côtes des îles de la Méditerranée; il est même commun sur les rochers de Gibraltar. On le voit généralement sur les Pyrénées de la Savoie, en Suisse, au Tyrol, en Italie, sur les Alpes bavaroises, mais il est très-rare en Allemagne et ne vient qu'accidentellement en Grande-Bretagne; on a également constaté sa présence sur l'ile de Malte et en Afrique.

Ce martinet ne vient ordinairement en Europe que vers la fin d'avril ou au commencement de mai et repart déjà vers la fin d'août; il recherche particulièrement les hauts versets des rochers, les pentes des Alpes, les vieilles murailles et même les tours d'église et les bâtiments élevés. Lorsque le ciel est bien serein, on voit souvent pendant le soir plusieurs de ces oiseaux, qui sont très-querelleurs, se poursuivre et se battre en sillonnant rapidement les airs à une grande hauteur et dans tous les sens. Les cris, qui ne manquent jamais dans ces petits combats aériens, et qu'on entend aussi s'échapper des nids, ressemblent à *skri skri*.

Les mouches et les autres insectes ailés forment leur seul aliment, car ces oiseaux ne se nourrissent que de ce qu'ils peuvent prendre au vol.

Le martinet alpin niche entre les crevasses des rochers ou sur des tours. Le nid est formé de brins d'herbe, de paille, de feuilles mortes, de fragments de papier et de chiffons que cet oiseau trouve par hasard ou que le vent porte sur son passage. Tous ces matériaux, qui sont entassés les uns sur les autres, forment un nid aplati et recouvert d'une matière gluante analogue à la mucosité qui recouvre le corps des limaçons, mais qui n'est ici autre chose que la salive du martinet qui sert en quelque sorte de ciment pour affermir sa demeure. Les jeunes ne sont jamais qu'au nombre de deux à trois dans un même nid.

Hirondelle courte-queue.

HIRONDELLE COURTE-QUEUE.

HIRUNDO CAUDACUTA, LATH.

THE SPIN-TAILED SWALLOW. — KURZSCHWANZIGE SCHWALBE.

IND. ORN. SUPP. p. 57. — Lath. GEN. HIST. t. VII. p. 307. — Vieill. 2e éd. du NOUV. DICT. D'HIST. NAT., XIV, p. 535. — Steph., CONT. SHAW'S GEN. ZOOL., X, p. 133. — Gould, BIRDS OF AUSTR. part. IX. — G. R. Gray. ANN. OF NAT. HIST. p. 194. — *Chaetura australis*, Steph. — *C. macroptera*, Swains. — *Acanthylis caudacuta*. Gray. — *Hirundo pacifica*, Lath.

Cette belle espèce se montre en été dans les pays situés à l'est de l'Australie et dans le nord de la terre de Van Diémen; mais ses visites dans cette île ne sont jamais aussi régulières ni aussi prolongées que dans la Nouvelle-Galles du Sud. Les mois de janvier et de février sont ceux pendant lesquels on l'observe généralement par troupes à la terre de Van Diémen; mais, après quelques jours, ces hirondelles disparaissent aussi subitement qu'elles sont venues. Elles sont rares à l'ouest de l'Australie, et un individu a été observé et tué dans les environs de Colchester, en Angleterre.

Cette hirondelle est l'une des plus grandes espèces connues du genre, et sa constitution est on ne peut mieux appropriée à sa vie aérienne. Elle se tient généralement près de la région des nuages. M. Gould dit ne l'avoir jamais vue perchée, et qu'il est très-rare de la voir voler à portée de fusil, encore n'est-ce que tard dans la soirée ou par un temps obscur. Mais les hirondelles qui visitent par troupes le climat humide de la terre de Van Diémen, se rapprochent davantage du sol et peuvent ainsi être plus aisément tirées. Les hirondelles courte-queue passent généralement la nuit au sommet des rochers et des arbres très-élevés. Avant de se livrer au repos, ce qui a lieu peu après le coucher du soleil, on les voit voler en tout sens au-dessus des arbres et continuer leur chasse aux insectes.

La propagation de cet oiseau est encore inconnue. M. Gould, qui a eu l'occasion de l'étudier sur place, pense que la nidification se fait soit au sommet des rochers, soit à la partie supérieure des grands arbres.

Hirondelle de rocher.

HIRONDELLE DE ROCHER.

HIRUNDO RUPESTRIS, LINNÉ.

ROCK SWALLOW. — FELSEN-SCHWALBE.

Temm., t. III, p. 300. — Gould, t. II, pl. 56. — Naum., t. VI, pl. 146. — Degl., t. I, p. 490. — Meyer, DEUT. VÖGEL., t. III, p. 110. — Roux., ORNITH. PROVENC., tab. 142. — Malh., FAUNE DE SICILE, p. 105. — Savi, ORNITH. TOSCANA, t. I, p. 167. — v. d. Mühle, ORNITH. GRIECHENLAND'S, nº 182. — Malh., OISEAUX D'ALGÉRIE, p. 18. — Thomas L. Powys. IBIS, vol. II, p. 234. — Rüpp., VG. N.-O. AFRIKA'S, nº 79. — COTYLE RUPESTRIS, Boie. — HIRUNDO MONTANA, Gmel.

Cette hirondelle habite le nord de l'Afrique et une partie de l'Asie, ainsi que la plupart des contrées du sud de l'Europe. Sur ce dernier continent on rencontre cette espèce en Grèce, en Sicile, en Toscane, sur la Gemmi, en Sardaigne, en Piémont, en Savoie, sur les Pyrénées, en Provence et dans le midi de la France, de la Suisse et du Tyrol.

L'hirondelle de rocher se tient de préférence sur les montagnes et les rochers escarpés qui bordent les cours d'eau, ainsi que sur les tours et les vieux châteaux en ruines bâtis sur des montagnes. Son vol est gracieux et quelquefois très-élevé; elle aime aussi à changer souvent de place.

C'est un oiseau très-sociable, qu'on voit rarement seul ou par couple, car il est presque toujours en compagnie de ses semblables. Son cri est monotone et très-différent de celui des autres espèces du même genre; il ressemble à *dwi dwi dwi dwi*. Lorsque le temps est pluvieux ou qu'il y a du brouillard, on voit ces oiseaux s'abattre en grand nombre dans les plaines et les vallées; mais généralement ils ne viennent à terre que pour chercher les matériaux qui doivent servir à la construction de leur nid. De même que les autres hirondelles d'Europe, cette espèce abandonne notre continent au commencement d'octobre et revient au mois de mars; d'après M. le comte von der Mühle, elle ne quitterait pas la Grèce à l'approche de l'hiver. Sa nourriture se compose de mouches, cousins et autres insectes ailés qu'elle saisit en volant.

Cet oiseau niche dans les crevasses de rochers escarpés et dans des grottes. Son nid, qui est ouvert au-dessus, est bien abrité; il est composé, comme celui de l'*H. rustica*, de terre gâchée entremêlée de brins d'herbe; l'intérieur est bourré de plumes. Il contient quatre à six œufs.

2/3

Hirondelle rufeline.

HIRONDELLE RUFÉLINE.

HIRUNDO RUFULA, TEMM.

RUFOUS SWALLOW. — RÖTHLICHE SCHWALBE.

Temm., t. I, p. 298. — Degl., t. I, pl. 556. — Bree, BIRDS OF EUR., vol. III, p. 174. — Naum., t. XIII, p. 583. — Malh., FAUNE ORNITH. DE SICILE, p. 103. — Th. Krüper, JOURN. FUR ORNITH., 1860, p. 271. — THE IBIS, t. II, p. 48. — HIRUNDO DAURICA, Lin. — H. COERULEA, Maut. — H. ALPESTRIS, Malh. — H. CAPENSIS, Duraz.

Cette hirondelle habite l'Égypte, la partie ouest de l'Asie, depuis l'Altaï jusqu'en Daourie, principalement la Chine et le Thibet; en Europe, on la trouve en Turquie et en Grèce, et elle visite quelquefois l'Italie et le midi de la France; on l'a également prise à l'ile Helgoland.

Les endroits que cette espèce recherche de préférence sont les eaux bien environnées de végétation. M le docteur Krüper a fait connaître plusieurs renseignements utiles sur cet oiseau, dont il a pu étudier les mœurs en Grèce, en Acarnanie, sur les monts Vorassova et Parnasse. Cet oiseau arrive dans ces localités vers le milieu de mars; on le voit alors en nombreuse compagnie, même avec l'hirondelle commune, faire ses joyeux ébats et s'emparer au vol des insectes qui lui servent de nourriture. Son chant est insignifiant et ressemble à *quitsch, quidl, quidl, wuitsch;* il le fait ordinairement entendre en volant et surtout pendant l'époque des amours; son cri d'appel est *quitsch,* soutenu pendant quelques secondes. Lorsqu'il est fatigué, il s'abat sur une pierre pour se reposer et il y termine quelquefois son chant.

Cette hirondelle niche dans les fentes des rochers ou sous des fragments de rocs faisant saillie, de manière que le nid soit à couvert. Ce nid, dont le fond est arrondi, a son entrée en forme de tube et présente l'aspect d'une cornue; il est composé d'une terre jaunâtre ou noirâtre et l'intérieur est bourré de laine et de plumes. On y trouve de trois à cinq œufs.

34.

Hirondelle Savigny.

HIRONDELLE SAVIGNY.

HIRUNDO SAVIGNÏI, LEACH.

SAVIGNY SWALLOW. — SAVIGNY SCHWALBE.

Temm., t. III, p. 652.— Schleg., Revue, p. XVIII. — Rüpp., Vg. N.-O. Afrika's, n° 71. — Malh., Ois. d'Algérie, p. 17.—Hartl., Syst. Ornith. West Afr., p.26, n° 70.—Cectopis Savignyi, Boie.— C. cachirica, Brehm.— Hirundo cachirica, Lichst.— H. riocouri. Audouin.—H. Boissonneauti, Temm.— H. rustica orientalis, Schleg. — H. domestica, Pall. var.

Cette hirondelle habite principalement la Macédoine et l'Égypte, mais on l'a observée en Algérie, en Turquie et en Grèce.

Il est plus que probable que cet oiseau n'est qu'une variété climatique de l'*H. rustica,* dont il se distingue par sa partie abdominale qui est d'un brun rougeâtre très-prononcé, tandis que notre espèce indigène a cette même partie blanche légèrement teintée de brun. Il est encore d'autres variétés intermédiaires dont le brun est tantôt plus, tantôt moins vif. L'*H. Savignii* a également été prise en Allemagne où elle était accouplée avec l'*H. rustica,* et la figure que nous en donnons est faite d'après un individu tiré en Belgique, qui était également accouplé avec la même espèce que celle que nous venons de citer.

Il paraît que le nid et les œufs ne diffèrent nullement de ceux de notre hirondelle. L'*H. Savignii* niche dans les habitations de l'Égypte, et il est donc plus que probable que la teinte brune est produite par le climat; nous supposons qu'elle vient parfois en Europe avec nos hirondelles et qu'elle s'accouple alors avec ces dernières.

Hirondelle sénégalaise.

HIRONDELLE SÉNÉGALAISE.

HIRUNDO SENEGALENSIS, LIN.

SENEGAL SWALLOW. — SENEGALISCHE SCHWALBE.

Gould, Birds of Eur., t. II, pl. 55. — Briss., Ornith., t. II, p. 496. — Swains., Birds of west Afr., t. II, pl. 6. — Rüpp., Vög. N. O. Afr., n° 72. — Hartl., Ornith. west Afr., n° 72. — Cecropis senegalensis, Boie. — Hirundo rufula, Gould.

Cette hirondelle habite la Sénégambie, la Haute-Égypte, l'Abyssinie, le Kordofan, et visite accidentellement le midi de l'Europe, où elle se tient dans le voisinage des cours d'eau, des lacs et des étangs. On la voit voler avec agilité au-dessus des eaux, pour attraper les mouches et les cousins qui lui servent de nourriture ; d'autres fois, elle frise les murs des maisons, les prés et les champs pour faire également la chasse aux insectes. Son vol est très-rapide, et pendant ses évolutions aériennes, elle étale entièrement la queue.

L'hirondelle sénégalaise niche contre des vieux murs en ruine et même dans les habitations. Son nid, construit avec de la terre, présente une forme arrondie; l'entrée est cylindrique et l'intérieur est proprement bourré de plumes, sur lesquelles reposent les quatre à cinq œufs que pond la femelle.

Nous pouvons affirmer l'opinion de M. Gould, pour ce qui concerne l'apparition de cet oiseau dans le midi de l'Europe, car nous en trouvâmes plusieurs individus parmi des oiseaux, pris en Andalousie, qui nous avaient été envoyés d'Espagne. Le nom de *H. rufula*, improprement adopté par M. Gould, a fait longtemps douter de l'existence de l'*H. senegalensis* sur le continent européen.

Hirondelle pourprée.

1. Mâle 2. jeune femelle.

HIRONDELLE POURPRÉE.

HIRUNDO PURPUREA, LIN.

PURPLE SWALLOW. — PURPUR SCHWALBE.

Degl., t. I, p. 357. — Yarr., BRIT. BIRDS, p. 257. — Vieill. DICT. D'HIST. NAT., t. X, p. 509. — Wils., AM. ORNITH., t. V. pl. 58. — Richards. et Swains., FAUNA BOR. AM., p. 335. — Max Prinz zu Wied, t. III, p 351. — Hirundo violacea, Gmel. — H. cærulea, Vieill. H. subis (fem.), Lin. — H. ludoviciana, Cuv. — H. carolinensis, Briss. — H. versicolor, Vieill. — H. chalybea, Pr. Max zu Wied. — Progne purpurea, Boie.

Cette hirondelle est très-abondante au Brésil, au Paraguay et dans la plus grande partie de l'Amérique du sud. Vers la fin de février ou au commencement de mars, elle se montre au sud des États-Unis, atteint la Pensylvanie dans les premiers jours d'avril, et l'on ne tarde pas alors à la rencontrer dans l'Amérique du nord jusqu'à la baie d'Hudson, d'où elle émigre de nouveau dans le courant du mois d'août pour retourner vers le sud. En Europe, elle a été prise en Grande-Bretagne et entre autre dans le comté de Dublin.

Cet oiseau a un vol léger et rapide, aussi est-il très-difficile de le tirer; il se repose volontiers sur des bâtiments élevés, tels que les églises et autres monuments, sur lesquels il n'est pas rare d'en voir un bon nombre, bien alignés les uns à côté des autres; on les voit aussi souvent sur les sommités des arbres.

L'hirondelle pourprée se nourrit de petits diptères qu'elle attrape au vol.

La nidification a lieu vers la fin d'avril, dans les lézardes des murailles, sous les toits des habitations ou entre les crevasses des rochers avoisinant une eau quelconque. Le nid est formé de feuilles sèches, de pailles légères, de foin et d'une grande quantité des plumes sur lesquelles reposent quatre œufs d'un blanc pur. Le mâle partage les soins de l'incubation. Cette espèce fait deux pontes par an : l'une en mai, l'autre vers la fin de juin.

35.b

Hirondelle bicolore

A. Dubois adnat. del.

HIRONDELLE BICOLORE.

HIRUNDO BICOLOR, VIEILL.

THE BICOLOR SWALLOW. — ZWEIFARBIGE SCHWALBE.

Audub. BIRDS OF AM., t. I, p. 175, pl. 46. — Wils. AM. ORNITH., t. III, p. 44. — Nuttl., MAN., t. I, p. 605. — Richards et Swains, FAUNA BOR AM., p. 328. — Aud. ORN. BIOG., t. I, p. 491 et t. V, p. 417. — Bonap. SYN. n° 74.— *Hirundo viridis*, Wils.

L'hirondelle bicolore est dispersée sur les montagnes Rocheuses et le long de la rivière Colombie; on la rencontre également sur les côtes de l'Atlantique depuis le Texas jusqu'au Labrador; Richardson dit qu'elle fréquente les contrées boisées jusqu'au 68° de latitude. Cette espèce s'égare accidentellement en Europe, où elle a été prise en Angleterre.

Ces oiseaux passent les mois d'hiver dans la Louisiane, où ils se montrent fréquemment dans le voisinage des marais qui bordent les lacs Ponchartrain et Bayon-Saint-Jean, près la Nouvelle-Orléans; au commencement du printemps, ils se dispersent au loin dans la contrée, et on les voit alors souvent dans les villes américaines. Ces hirondelles voyagent généralement par étapes jusqu'à ce qu'elles soient arrivées à leur nouvelle résidence; à la saison d'été elles reviennent dans les lieux qui les ont vu naître. Elles se battent souvent entre elles et attaquent même l'hirondelle des cheminées, du nid de laquelle elles prennent parfois possession.

Cette espèce est essentiellement insectivore et elle attrape sa proie au vol.

L'hirondelle bicolore niche généralement dans le creux d'un arbre. Le nid est globuliforme : il est construit à l'aide de longues herbes et bourré intérieurement de plumes. Il y a deux pontes par an, chacune de deux à six œufs. Dès que les jeunes de la seconde couvée sont en état de voler, ce qui arrive au commencement d'août, il se fait une migration générale vers des climats plus chauds.

Gobe-mouche gorge-rouge

1. Mâle. 2. Femelle.

GOBE-MOUCHE GORGE-ROUGE.

MUSCICAPA RUFIGULARIS, BREHM.

RED-BREASTED FLYCATCHER. — ROTHKEHLIGER FLIEGEN-FÄNGER.

Temm., t. I, p. 158. — Degl., t. I, p. 377. — Gould, t. II, pl. 64. — Naum., t. II, pl. 65. — Bree, Birds of Eur., t. I, p. 179. — Erythrosterna parva, Bonap. — Muscicapa erythaca et M. rubecula, Swein. — M. Tylleri, Jam. — M. parva, Bechst. — M. ruficollis, Brehm.

Ce gobe-mouche habite l'Autriche, les Alpes transylvaniennes, le sud de la Hongrie, la Valachie et la Turquie. Pendant ses migrations, on le voit quelquefois dans d'autres parties de l'Allemagne, où l'on a même trouvé son nid ; il vient également dans le midi de la France et en Sardaigne.

Cet oiseau vit aussi bien dans les forêts de hêtres que dans celles plantées de pins ou de sapins, et il se tient volontiers sur la cime de ces arbres où il voltige de branche en branche pour attraper les insectes dont il se nourrit. En automne, pendant ses migrations, cette espèce va quelquefois s'abattre, par petites troupes, dans des bosquets ou des jardins fruitiers, probablement pour se réunir et partir de là pour la Syrie et l'Égypte. Le mâle est très-bon chanteur ; aussi les amateurs d'oiseaux vivants le recherchent-ils beaucoup ; il se tient parfaitement en captivité et s'apprivoise aisément, car il est d'un naturel fort doux.

Le gobe-mouche gorge-rouge niche sur des arbres, le plus souvent sur une forte branche et près du tronc; on trouve aussi parfois son nid dans le trou d'un arbre. Ce nid, formé à l'aide de brins d'herbe et de mousse, est bourré à l'intérieur de laine et de poils de différents mammifères; il contient le plus souvent quatre à cinq œufs.

Jaseur d'Amérique

JASEUR D'AMÉRIQUE.

BOMBYCILLA AMERICANA, SWAINSON.

AMERICAN CHATTERER. — AMERIKANISCHE SEIDENSCHWANZ.

Wils. Am. Ornith., t. I, p. 107. — Richards. et Swains., p. 239.— Briss., t. II, p. 337. — Vieill. Ois. d'Am. sept., pl. 57. — Blas., List der Vög. Eur. 1862. — Baird, Distrib. and Migrat. of North Am. Birds (Journ. of sc., vol. xli, 1866, p. 26). — Ampelis americana, Wils. — A. cedrorum, Gray. — Bombycilla carolinensis, Briss. — B. cedrorum, Vieill.

Ce jaseur est répandu dans une grande partie de l'Amérique du Nord : on le trouve en Nouvelle-Bretagne, en Pensylvanie, en Géorgie, en Floride, près du Missouri, jusqu'au Texas et au Guatémala. En Europe, on l'a pris en Grande-Bretagne.

Les mœurs de cet oiseau sont analogues à celles du jaseur garrule; cette espèce se caractérise par son indolence, sa stupidité et sa voracité. Elle est très-sociable, aussi voit-on souvent un grand nombre de jaseurs réunis sur le même arbre, faisant entendre de temps en temps leur cri monotone.

La nourriture de cet oiseau se compose de fruits, de diverses sortes de baies et d'insectes.

L'accouplement a généralement lieu dans la première quinzaine de juin. La nidification se fait habituellement dans les bois de peu d'étendue et de préférence dans les jardins, sur un pommier ou sur tout autre arbre fruitier; on trouve souvent plusieurs nids sur le même arbre. Le nid est placé dans la bifurcation d'une branche, à une hauteur de douze à quinze pieds du sol. Il est cupuliforme et composé d'un mélange d'herbe et de mousse entrelacées, formant une substance feutrée très-solide; l'intérieur est proprement tapissé de brins d'herbe très-fins. Ce nid contient trois à cinq œufs.

La femelle est peu farouche : il est même parfois assez difficile de la faire lever de son nid; elle se tient très-tranquille, ce qui fait que sa couvée reste souvent inaperçue.

Pie-grièche Tchagra

PIE-GRIÈCHE TCHAGRA.

LANIUS TCHAGRA, SCHLEGEL.

TCHAGRA SHRIKE. — TSCHAGRA WÜRGER.

Temm., t. IV, p. 600. — Degl., t. I, p. 387. — Bree, vol. I, p. 171. — Schleg., REVUE, p. XXI. —Malh., OIS. D'ALGÉRIE, p. 9.—Swains., BIRDS OF WESTERN AFRICA, vol. p. 235.—LANIUS CUCULLATUS, Temm. — L. ERYTHROPTERUS, Shaw.—TELOPHONUS ERYTHROPTERUS, Swains. — T. TCHAGRA, Bonap.— POMATORHYNCHUS TCHAGRA, Boie.— P. ERYTHROPTERUS Cab. — THAMNOPHILUS TCHAGRA, Vieill.

Cette pie-grièche habite le cap de Bonne-Espérance, l'Algérie, le Kordofan, l'Abyssinie et le Sénégal. En Europe, elle n'est pas rare en Espagne et en France ; elle a été prise en Bretagne.

Les mœurs de cet oiseau sont absolument les mêmes que celles des autres espèces du même genre. Il est d'une prudence extrême, et lorsqu'il veut chanter, il se met souvent sur le sommet d'un arbre ou d'un buisson de manière à ce qu'il ait un assez grand espace découvert autour de lui; il commence alors son chant, durant lequel il fait beaucoup de mouvements avec sa queue. Cet oiseau est très-timide et prend le vol à la moindre apparence de danger.

Les aliments que cette pie-grièche cherche, aussi bien à terre que dans les buissons, se composent d'insectes, de larves, de vers, de limaces, et particulièrement de sauterelles.

Le nid est cupuliforme et se trouve à hauteur d'homme dans les buissons. Il est construit à l'aide de tiges, de racines et de mousse; l'intérieur est proprement tapissé de radicelles très-fines et contient le plus souvent cinq œufs.

Les individus provenant du Kordofan et du Sénégal, diffèrent légèrement de ceux qui habitent d'autres contrées; ils sont reconnaissables en ce que leurs parties ventrale et pectorale sont entièrement d'un blanc sale ; c'est là le seul caractère que nous ayons pu constater parmi un grand nombre d'exemplaires que nous avons soumis à un judicieux examen

Pie-grièche masquée.

PIE-GRIÈCHE MASQUÉE.

LANIUS PERSONATUS, TEMMINCK.

MASKED SHRIKE. — MASKEN WÜRGER.

Temm., pl. col. 256, fig. 2. — Degl., t. I, p. 390. — Bree, Birds of Eur., t. 1, pl. 35, p. 168. -- v. d. Mühle, Ornith. Griechenlands, n° 176. — Rüpp., Vg N. O. Afrika's, n° 218.— Licht., Verz. d. Doubl., p. 47, n° 510. — Linderm., Isis, 1843, p. 12. — Hartl., Ornith. West-Africa's, p. 104, n° 317. — Enneoctonus nubicus, Cab. — Leucometopon nubicus, Bonap. — Laniusnubicus, Licht. — L. brubru, Sibth. — L. leucomotopon, v. d. Mühle. — L. caudatus, Brehm.

Cette pie-grièche a pour habitat l'Arabie pétrée, l'Égypte, le Kordofan, la Nubie et l'Abyssinie; elle émigre de là, au printemps, en se dirigeant le long des côtes vers le Sud de l'Europe. D'après le docteur Lindermeyer, cet oiseau se trouve en Grèce au mois d'avril, et selon lui il y nicherait. M. le comte von der Mühle dit l'avoir trouvé plusieurs fois sur un arbrisseau épineux au bord du Phalérus, près d'Athènes.

Cet oiseau se tient de préférence dans les buissons et sur les arbrisseaux; il se nourrit de plusieurs espèces d'insectes, principalement de coléoptères et de sauterelles.

Au mois de mai, il choisit un buisson, et commence la construction de son nid, auquel il donne un aspect cupuliforme, et dans la composition duquel il fait entrer des tiges, des brins d'herbe et des feuilles; l'intérieur est proprement bourré de radicelles. Cette opération terminée, la femelle y dépose six à huit œufs. Dans le courant du mois d'août, toute la famille abandonne la Grèce pour retourner en Afrique.

Pie-grièche phoenicure

PIE-GRIÈCHE PHŒNICURE.

LANIUS PHOENICURUS, PALLAS.

REDTAILED SHRIKE. — ROTHSCHWÄNZIER WÜRGER.

Naumannia, t. VIII, p. 425. — Cab. Journ. f. Ornith., t. IV, p. 377. — Naum., t. XIII, p. 540. — Bree, Birds of Eur. not obs. in the Brit. isles, t. IV, list suppl. p. 241. — Pall. Zoogr. Ross. Asiat., t. I, p. 63. — Enneoctonus phœnicurus, Bonap.

Cette pie-grièche habite une grande partie de l'Asie et en particulier les régions chaudes de ce continent, telles que le Bengale, l'Indoustan, le Tibet, la Tartarie et la Chine. Pallas l'observa sur les monts de la Daourie; M. Gätke en tua un exemplaire en Europe, dans l'île Helgoland.

La pie-grièche phœnicure se plaît sur les sommets des arbres, où elle saute de branche en branche en remuant beaucoup la queue et en poursuivant les petits oiseaux pour les tourmenter et parfois même pour les attaquer.

Le vol de cette pie-grièche est rapide et s'effectue à peu d'élévation du sol; elle ne s'éloigne presque jamais du lieu où elle a élu domicile. Cet oiseau chante beaucoup et il imite parfaitement le chant des espèces qui se tiennent dans son voisinage, mais en baissant la voix et en y intercalant les notes stridentes qui lui sont propres. Il est assez farouche, et fuit le chasseur dès qu'il l'observe du haut de l'arbre sur lequel il s'est perché.

La nourriture de cette espèce se compose de coléoptères, de chenilles, de papillons et de sauterelles, mais elle a l'habitude de piquer ses victimes sur l'épine d'un arbre et de les y laisser se débattre pendant quelque temps avant de les manger.

La nidification a lieu sur les arbustes, dans les broussailles et dans les haies. Le nid n'est jamais placé à plus de six ou huit pieds de hauteur; il est assez vaste et bien construit à l'aide de chaumes, de brins d'herbe et de mousse; l'intérieur est bourré de brins d'herbe plus fins et de radicelles. Il contient cinq ou six œufs, qui ne diffèrent en rien de ceux de notre pie-grièche écorcheur.

La pie-grièche phœnicure pourrait bien n'être qu'une variété climatique du *Lanius collurio;* elle ne diffère pour ainsi dire de ce dernier que par la forme de la queue, qui est plus longue et plus arrondie.

Pie-grièche méridionale.

PIE-GRIÈCHE MÉRIDIONALE.

LANIUS MERIDIONALIS, TEMM.

SOUTHERN SCHRIKE. — SÜDLICHER WÜRGER.

Temm., t. I, p. 143.— Degl., t. I, p. 383. — Gould, t. II, pl. 67. — Bree, t. I, p. 159. — Meyer et Wolf, t. III, p. 22.— Malh., Faune de Sicile, p. 49. — Savi, Ornith. Toscana, t. I, p. 102. — v. d. Mühle, Ornith. Griechenland's, n° 172. — Malh., Ois. d'Algérie, p. 9.— Collurio meridionalis, Vig. — Lanius excubitor, Lin.

Cette espèce se trouve dans le midi de l'Europe, principalement en Grèce, en Dalmatie, en Italie, en Espagne, en Portugal, dans le midi de la France et en Algérie.

La pie-grièche méridionale se tient habituellement sur les lisières des forêts et des autres endroits boisés, ainsi que dans les jardins; elle se pose volontiers sur le sommet des arbres ou des arbustes. Son chant est faible comme celui de la pie-grièche réveilleuse, et elle imite celui des autres oiseaux qui se tiennent dans son voisinage. C'est en général un oiseau très-timide et prudent, fuyant au moindre bruit et par cela difficile à tirer.

Cet oiseau se nourrit de souris, de taupes, de mulots, de petits oiseaux, de petites grenouilles et de lézards, mais les hannetons et les sauterelles forment sa nourriture favorite.

Il niche sur des arbres peu élevés, ordinairement à hauteur d'homme, quelquefois aussi dans de hautes broussailles. Son nid est napiforme; il est formé à l'aide de tiges et de brins d'herbe, à l'intérieur il est bourré de quelques plumes et de poils. Il contient quatre à six œufs.

Cette pie-grièche n'est, d'après nous, qu'une variété climatique de la pie-grièche réveilleuse, avec laquelle elle a la plus grande analogie, tant par le plumage que par les mœurs et le mode de propagation.

Cyanopie mélanocéphale.

1. Adulte 2. jeune.

Genre Cyanopie. — Cyanopica, Bonap.

CYANOPIE MÉLANOCÉPHALE.

CYANOPICA MELANOCEPHALA, DUBOIS.

BLACK-HEADED AZURE-MAGPIE. — SCHWARZKÖPFIGE BLAU-ELSTER.

Temm., t. III, p. 64. — Degl., t. I, p. 329. — Gould, t. III, pl. 217. — Bree. t. I. p. 140. — R. König-Warth., NAUMANNIA, 1854, p. 30. — PICA CYANEA, Cook. — P. CYANA, Wagler. — GARRULUS CYANUS, Tem. — CYANOPOLIUS COOKI, Bonap. — CORVUS CYANUS, Pall. — C. MELANOCEPHALUS, Less. —CYANOPICA PALLASI et C. COOKI, Bonap. — C. EUROPÆA, Schleg.

Cet oiseau est assez commun en Mongolie et au Japon, comme en Daourie et dans la Crimée ; on le trouve aussi dans toute l'Espagne, mais il y est plus ou moins rare. Il recherche particulièrement le bord de l'eau, surtout si elle entourée de buissons de saules. M. le baron de Hayn, en traversant la Sierra-Morena, vit un assez grand nombre de ces oiseaux qui fouillaient de la fiente de cheval sur une chaussée. Ces cyanopies se laissèrent approcher d'assez près et s'envolèrent ensuite avec beaucoup de bruit sur le sommet des arbres voisins, et en remuant leur queue, comme la *Pica vulgaris*.

Cette espèce se nourrit particulièrement d'insectes, de vers, de grains et de baies.

La nidification a lieu vers la fin d'avril, sur des arbres. Les cyanopies se tiennent soigneusement cachées pendant cette époque. Le nid, qui n'est connu que depuis quelques années, ne ressemble en rien à celui de la *Pica vulgaris;* il n'est d'abord pas couvert, et d'après M. le baron R. König-Warthausen, il aurait quelque analogie avec celui du *Garrulus glandarius.* Le nid de la cyanopie se compose de petites tiges, particulièrement de celles qui proviennent de plantes laineuses et de radicelles, le tout est entassé très-grossièrement, et l'on pourrait même confondre ce nid avec celui des *Lanius.* La ponte de la cyanopie est de cinq à neuf œufs.

Nous voyons, par ce qui précède, que la différence de structure du nid de cette espèce d'avec celui de la pie vulgaire, suffirait elle seule pour la création d un genre, sans prendre en considération les caractères propres à l'oiseau.

Geai mélanocéphale.

Fig. 1.

Geai ilicite

Fig: 2

GEAI MÉLANOCÉPHALE.

GARRULUS MELANOCEPHALA, GÉNÉ.

BLACK HEADED JAY. — SCHWARZKÖPFIGE HEHER.

Temm., t. IV, p. 596. — Degl., t. I, p. 333. — Bree, vol. I, p. 144. — Schleg., REVUE, p. LV. — Malh., OISEAUX D'ALGÉRIE, p. 9. — PICA STRIDENS, Ehrenb.— CORVUS ILICETI, Hemp. — C. ATRICAPILLUS, Geoffr. —GLANDARIUS MELANOCEPHALUS, Breh. — GARRULUS ATRICAPILLUS, Gray. — G. KRYNICKII, Kalen. — G. GLANDARIUS MELANOCEPHALUS, Schleg. — G. BISPECULARIS, Gould. — G. ILICETI, Brandt.

Ce geai mélanocéphale se trouve en Crimée, au Caucase, en Arabie, en Algérie et en Syrie.

Cet oiseau a donné naissance à plusieurs nouvelles espèces, selon le climat qu'il habitait, mais qui, après un examen minutieux, ne peuvent être considérées que comme des variétés climatiques, qui cependant ne sont pas dépourvues d'intérêt au point de vue des collections.

Nous n'avons pu malheureusement nous procurer que trois de ces variétés, dont deux figurent sur la planche ci-contre ; ce sont celles que d'ordinaire on confond le plus souvent : la fig. 1 est le *Garrulus melanocephala* et la fig. 2, le *G. iliceti* provenant de la Syrie. Le troisième, que nous possédons, est figuré par M. Gould sous le nom de *G. hispercularis* et donné comme provenant de l'Himalaya. Ce dernier se reconnaît en ce que plusieurs des rémiges primaires, au lieu d'être blanches, sont marquées de bleu. Nous avons même vu plusieurs *G. glandarius* pris en Belgique qui présentaient déjà d'une manière assez nette le même caractère, ce qui prouve d'autant plus que le *G. hispercularis* n'est qu'une variété climatique Du reste, toute personne qui possède de ces oiseaux provenant de différents pays, y constatera facilement des différences tant dans le plumage que dans les dimensions; ce sont ces légères variations qui ont donné naissance à tant d'espèces imaginaires.

Dans plusieurs collections on voit figurer des œufs comme provenant du *G. melanocephala*. Ces œufs sont alors d'un vert bleuâtre plus clair que chez les œufs de la véritable espèce, et maculés d'un gris bleuâtre; mais ces œufs sont le plus souvent choisis, par des spéculateurs, parmi ceux de notre *G. glandarius*, tandis que les œufs du *G. melanocephala* sont ordinairement semblables à ceux de ce dernier.

41.

Geai minime.

GEAI MINIME.

GARRULUS MINOR, VERREAUX.

THE LITTLE-JAY. — KLEINE-HÄHER.

REV. ET MAG. DE ZOOL., 1857, p. 439. — Degl. ORNIT. EUR. 2e éd., t. I, p. 217.

Cet oiseau a été observé pour la première fois en Algérie par M. le capitaine Loche, et décrit comme une espèce distincte par M. Jules Verreaux. Ce dernier naturaliste lui assigne pour caractères : d'abord, la taille qui est un peu plus petite que celle de l'espèce ordinaire, et ensuite, la coloration du plumage qui est plus sombre.

Mon père ayant eu l'occasion de voir un individu semblable à celui figuré dans la *Revue et magasin de zoologie* (1857, pl. 14), mais tué en Italie, n'a pas hésité un instant à l'attribuer à l'espèce typique, c'est-à-dire au *G. glandarius*. Ce qui vient appuyer cette affirmation, c'est que nous savons combien le geai est sujet aux variations de coloris, et que presque chaque espèce d'oiseaux offre des individus plus petits ou plus grands que la généralité.

Les *G. melanocephala* et *iliceti*, figurés précédemment, ainsi que le *G. hispercularis,* figuré par M. Gould, et bien d'autres encore, présentent des caractères non moins tranchants que le *G. minor;* toutefois, il serait aujourd'hui fort hasardé de les considérer comme formant de véritables espèces. Nous voyons ici, comme dans les autres divisions du règne animal et dans le règne végétal, que l'espèce est sujette à des variations capables de se reproduire quelquefois et de former de nouvelles races. Nous sommes cependant bien convaincus que tous les oiseaux publiés dans cet ouvrage sous la dénomination générale de *variétés climatériques*, finiront par se perpétuer à l'infini dans certains districts propices à cet effet, et alors il faudra bien les admettre comme des espèces distinctes.

Geai sinistre,

1. Adulte. 2. jeune

GEAI SINISTRE.

GARRULUS INFAUSTUS, VIEIL.

SINISTER-JAY. — UNGLÜKCS HÄHER.

Temm., t. I, p. 115. — Degl., t. I, p. 334. — Naum., t. XIII, pl. 330. — Bree, Birds of Eur., t, I, p. 149. — Meyer, Vögelk., t. III, p. 23. — Lanius infaustus, Gmel. — Corvus infaustus, Lin. — C. Sibiricus, Bod. — C. Russicus, Gmel. — C. mimus, Pall. — Pica infaustus, Wagl. — Dysornithia infaustus, Swains. — Perisoreus infaustus, Bonap.

Ce geai habite principalement les rochers des pays avoisinant le cercle polaire arctique, où il est assez abondant; on le voit aussi dans les bois de pins et de sapins de la Laponie, de la Suède, de la Norwége, de la Finlande et de la Sibérie jusqu'au Kamtschatka. Il ne paraît qu'accidentellement en Allemagne.

Cet oiseau est rusé et remuant, mais malgré cela, il possède une prudence à toute épreuve : dès qu'il s'aperçoit qu'on l'observe, il se cache entre les branches de la partie supérieure d'un pin ou d'un sapin où on le perd de vue, et s'il y a plusieurs de ces oiseaux, pas un d'eux ne bouge jusqu'à ce que tout danger ait disparu. Lorsqu'on parcourt une forêt de conifères du nord de l'Europe, qui n'est éclairée que par un faible jour, pénétrant à travers le feuillage touffu de ces arbres, on entend souvent le cri de ces oiseaux qui trouble la tranquillité de ces lieux solitaires et favoris de ces geais. Ce cri a beaucoup d'analogie avec celui de notre geai glandivore et ressemble à *s'kruih s'kruih.*

La nourriture du geai sinistre consiste en baies, graines, insectes et particulièrement en coléoptères; il attaque parfois aussi les petits oiseaux, il est surtout très-avide des graines du pin pignon.

La nidification a lieu de bonne heure; on trouve le nid sur des conifères à une hauteur de 12 à 18 pieds; il est construit en grande partie de branchages de pin entremêlés de mousse, de lichens et de feuilles mortes; le tout est recouvert ensuite d'une couche de plumes et de poils qui est raffermie par des toiles d'araignées. Il contient le plus souvent cinq à six œufs.

Chocard alpin

Genre Chocard. — Pyrrhocorax, Cuv.

CHOCARD ALPIN.

PYRRHOCORAX ALPINUS, CUV.

ALPINE CHOUGH. — ALPEN STEINKRÄHE.

Temm., t. I, p. 71. — Degl., p. 322. — Gould, t. III, pl. 218. — Naum., t. II, pl. 57. — Bree, t. I, p. 153. — Malh., Faune de Sicile, p. 61. — v. d. Mühle, Ornith. Griechenland's, n° 104. — Corvus pyrrhocorax, Lin. — Pyrrhocorax pyrrhocorax, Temm. — P. Montanus et P. Planiceps, Brehm.

Cet oiseau est commun sur les chaînes de montagnes du sud de l'Europe, principalement sur celles de Sicile, de la Toscane, de la Suisse, du Tyrol et sur les Alpes bavaroises; il est plus rare sur les montagnes de la Bohême et de la Saxe. On l'a même vu sur le mont Liban.

Les chocards alpins se tiennent ordinairement à une hauteur de 4 à 5,000 pieds au-dessus du niveau de la mer; mais en automne, ils descendent vers les régions moins élevées où ils passent l'hiver; les habitants voient en eux les précurseurs des neiges et des ouragans. Pendant la saison froide, ces oiseaux montrent beaucoup plus de confiance envers l'homme que durant les chaleurs et surtout à l'époque des amours. Lorsqu'ils s'occupent de la nidification, ils se tiennent par couple, sinon ils sont très-sociables, se poursuivent et se battent continuellement dans les airs et entre les montagnes, avec beaucoup de vivacité et de bruit qu'augmente encore les échos. En automne, lorsqu'il y a quelques centaines de ces oiseaux réunis, le bruit qu'ils font est tellement étourdissant qu'on en perdrait bien l'ouïe.

La nourriture de ces oiseaux se compose de vers, de larves, d'insectes, de graines et de baies.

Ils nichent sur les rochers les plus escarpés et les plus inaccessibles, quelquefois plusieurs nids sont placés les uns à côté des autres jusque dans les crevasses les plus élevées des montagnes. Le nid est formé de graminées, de tiges et de foin; il contient quatre à cinq œufs.

Troupiale à épaulettes.

TROUPIALE A ÉPAULETTES.

AGELAIUS PHOENICEUS, VIEILLOT.

RED-WINGED STARLING. — ROTHSCHULTERIGE STAARDOHLE.

Wils. Am. Ornith., t. IV, p. 30. — Richards. et Swains., p. 280. — Audub., Birds Am., pl. 67. — Bonap., Syn. of Am., p. 52. — Yar., Brit. Birds, t. II, p. 35. — Mor., Brit. Birds, t. II, p. 30. — Oriolus phœniceus, Lin. — Sturnus predatorius, Wils. — Icterus phœniceus, Daud. — Psarocolius phœniceus, Wagl.

Cette espèce habite toute l'Amérique du nord ; à l'approche de l'hiver, elle émigre en Louisiane. On la trouve également dans la Nouvelle-Écosse et au Mexique. En Europe, elle a été prise plusieurs fois en Grande-Bretagne.

Ces troupiales sont des oiseaux très-sociables : ils vivent en nombreuses sociétés et voyagent par bandes. Quand on aperçoit de loin une troupe de ces oiseaux, on croit voir un nuage noir s'abaisser sur la terre. Malheur au champ de maïs sur lequel ils s'abattent, car ils ont bientôt dévoré la majeure partie de la récolte. Si le cultivateur veut les chasser à coups de fusil, ils s'élèvent à grand bruit pour s'abattre de nouveau à l'autre extrémité du champ. Le maïs forme leur nourriture essentielle, surtout quand les grains ne sont pas entièrement mûrs et qu'ils ont encore une saveur tant soit peu sucrée. En automne, ces oiseaux se nourrissent de graines de différentes plantes marécageuses, d'insectes et de vers ; c'est pourquoi on les voit généralement à cette époque dans le voisinage des eaux douces, abondamment pourvues de plantes aquatiques.

Leur chant est assez passable ; en captivité on leur apprend aisément à prononcer quelques mots, comme cela se fait chez nous pour l'étourneau.

Le troupiale à épaulettes niche entre les roseaux et construit une espèce de toit pour garantir son nid. La femelle dépose cinq ou six œufs sur une couche moelleuse.

Étourneau unicolore.

ÉTOURNEAU UNICOLOR.

STURNUS UNICOLOR, MARMORA.

UNIFORM STARLING. — EINFARBIGE STAAR.

Temm., t. I, p. 133. — Gould, t. III, pl. 211. — Naum., t. XIII, pl. 351. — Degl., t. I, p. 343 — Thiene, pl. XXXVIII, fig. 2. — Malh., FAUNE DE SICILE, p. 132. — Bree, BIRDS OF EUR., t. I, p. 156. — Savi, ORNITH. TOSCANA, t. I, p. 196. — Malh., OIS. D'ALGÉRIE, p. 9. — STURNUS VULGARIS UNICOLOR, Schleg.

Cet étourneau habite le sud de l'Italie; il est surtout fort répandu en Sardaigne, en Sicile, en Toscane et en Corse; on le rencontre quelquefois dans le midi de la France, où il vit en société avec l'étourneau vulgaire. Il est commun en Algérie.

Les mœurs de cet oiseau sont identiques à celles de notre étourneau vulgaire : il se tient, comme ce dernier, sur les arbres solitaires, les murs, les rochers et sur les toits des maisons; il se plaît aussi dans les prairies et les pâturages, sans s'inquiéter des bêtes qui y broutent. On le rencontre aussi parfois dans les champs fraîchement ensemencés. Son chant est le même que celui de notre espèce commune et il se nourrit également de limaces, de larves, de chenilles et d'insectes.

Il niche dans des crevasses ou des trous de rochers, dans des ruines, sous des toits de maisons, dans des arbres creux et dans des caisses placées à cet usage. La femelle dépose cinq à six œufs; les jeunes ont le même plumage que ceux de l'espèce commune.

Malgré la différence du plumage des adultes avec celui de l'étourneau vulgaire, nous sommes cependant porté à croire que l'espèce qui nous occupe en ce moment, n'est qu'une variété climatique de ce dernier.

Sturnel à collier

Genre : STURNEL. — STURNELLA, Bonap.

STURNEL A COLLIER.

STURNELLA COLLARIS, BONAPARTE.

COLLARED STARELET. — HALSBAND STAARLING.

Wils. Am. Ornith., t. III. p. 20. — Richards. et Swains, Fauna Bor. Am. p. 282. — Pr. Max. v. Wied, dans Journ. f. Ornith., 1858, p. 200. — Sclat., Ibis, 1861, p. 176. — Sturnus ludovicianus, Gmel. — S. Collaris et S. hippocrepis, Wagl. — Alauda magna, Lin. — Cacicus alaudarius, Daud. — Sturnella ludoviciana, Audub. — S. hippocrepis, Gray.

Cet oiseau est fort commun dans l'Amérique du Nord; on le rencontre au Canada, en Pensylvanie, sur les bords du Missouri et de l'Ohio ; il n'est pas rare non plus en Colombie et sur l'île de Cuba. Ce n'est que tout accidentellement qu'il s'est montré en Angleterre.

Le sturnel à collier vit généralement en société dans les prés, les pâturages, les champs de trèfle et dans les savanes. Il se plait à courir dans les herbes, où il cherche sa nourriture qui se compose de semences, de vers, d'insectes et de larves. Quand cet oiseau s'élève dans les airs, il tient presque toujours le corps dressé, bat beaucoup des ailes à la façon des alouettes, et étale largement la queue. Il se repose le plus souvent au sommet d'une broussaille ou sur un poteau, d'où le mâle fait entendre son chant agréable, mais peu varié, entrecoupé de son cri d'appel monosyllabique.

Cette espèce se laisse difficilement approcher et se tient en général éloignée des habitations ; mais en hiver, quand la campagne est couverte d'une couche de neige, les sturnels deviennent moins farouches et se dirigent par troupes vers le voisinage des lieux habités; il n'est pas rare alors de les rencontrer dans les vergers et dans les cours des fermes.

La nidification se fait à terre au pied d'une broussaille ou au milieu une touffe d'herbe. Le nid est très-volumineux et fermé à la partie supérieure. Il est construit à l'aide d'herbes sèches et de racines ; l'intérieur est bourré de plumes et de différentes substances moelleuses. C'est sur cette chaude litière que la femelle dépose quatre à cinq œufs

45.

Grive à gorge rousse.

1. Mâle. 2. jeune.

GRIVE A GORGE ROUSSE.

TURDUS RUFICOLLIS, PALL.

RED-TGROATED T'HRUSH. — ROSTKEHLIGE DROSSEL.

Pall., Zool. rosso-asiat., t. II. p. 452. pl. XXIII. — Naum., t. XIII, p. 316, pl. 360. — Bonap. Rev. crit de l'ornith., p. 148, n° 136. — Bonap. Consp. av. p. 273. — Homey., Rhea, t. II, p. 156, n° XV. — Lath. Syn. t. II, p. 31, n° 23.

Cette belle espèce, découverte par Pallas, se tient dans les endroits arides et déserts de la Sibérie, particulièrement dans les forêts de Daourie et dans les pays baignés par le Couda, où on la voit en grand nombre. Pallas dit avoir vu de grandes troupes de ces oiseaux venant des régions glaciales et se dirigeant vers le sud, pour passer, probablement, la mauvaise saison dans un climat plus doux du centre de l'Asie. Ces grives émigrent même jusqu'aux monts Himalaya. On en prit également une en Allemagne près de Radeberg non loin de Dresde; elle se trouvait dans la société d'autres espèces du même genre et devint la possession du lieutenant Raabe. On peut conclure de ce fait, que la grive à gorge rousse visite aussi bien les contrées du nord de l'Europe que la grive sibérienne, et si l'on n'a pas eu plus souvent connaissance de son apparition sur notre continent, on doit l'attribuer à ce qu'elle a été confondue avec des espèces ordinaires, ou que les individus pris en Europe ne sont pas tombés entre les mains de connaisseurs. Il se peut aussi fort bien que ce soient généralement de jeunes oiseaux qui se montrent en Europe; dans ce cas la confusion est encore plus facile. Les dectrices du dessous des ailes sont en tout temps d'un beau jaune d'ocre, ce qui lui donne quelque ressemblance avec la grive chanteuse, dont elle diffère surtout par sa taille plus forte.

Les mœurs et la propagation de cette grive sont encore inconnues.

Grive sibérienne.

1. Mâle. 2. Jeune.

GRIVE SIBÉRIENNE.

TURDUS SIBIRICUS, PALLAS.

SIBERIAN THRUSH. — SIBIRISCHE DROSSEL.

Temm., t. III, p. 98. — Pal., Zoogr. rosso-asiat., t. I, p. 450. — Lath. Uebers. v. Bechst. t. II, I, p. 28. — Naum., t. XIII, pl. 363. — Turdus leucocillus, Pal. — T. atrocyaneus, v. Homey. — T. mutabilis, Temm. — T. auroreus, Glog., jeune.

Cet oiseau habite le nord de l'Amérique et surtout de l'Asie, ainsi que les îles avoisinantes. On le voit dans toute la Sibérie, en Daourie, en Russie d'Europe, sur les côtes de la mer Noire, et il vient quelquefois pendant ses migrations en Allemagne, ainsi qu'à l'île Helgoland, où M Gätke en prit un beau mâle adulte. D'après M. Jaubert, un jeune sujet de cette espèce fut tué au pied des Cévennes, et un autre en Saintonge, par M. Loche.

La grive sibérienne est très-sociable et ses migrations se font toujours en compagnie d'autres espèces de grives, principalement de la grive chanteuse. Cet oiseau se tient, d'après Pallas, dans les forêts marécageuses du Nord, où l'on trouva deux nids de cette espèce entre les branches d'un buisson d'aunes; son chant est insignifiant. La nourriture de cette grive consiste en vers, en larves, en insectes et en différentes baies, particulièrement celles de l'*Empetrum nigrum,* qu'elle trouve dans le Nord en abondance.

Le nid, en forme de coupe, est formé de tiges végétales et de brins d'herbe maçonnés ensemble à l'aide d'une boue terreuse; l'intérieur est tapissé de fins brins d'herbe et de fragments de feuilles. On y trouve cinq à six œufs.

MM. Jaubert et Barthélemy, dans leur *Ornithologie du Midi de la France,* ont placé cette grive dans le genre Oreocincla. Bien que ce genre soit peu caractéristique, on ne doit cependant pas y mettre la grive sibérienne, car les espèces du genre Oreocincla ont le plumage plus ou moins brillant et possèdent quatorze plumes dans la queue, tandis que les grives n'en ont que douze et offrent un plumage mat; la grive qui nous occupe en ce moment présente ces derniers caractères. Nous avons examiné plusieurs grives sibériennes, mais nous ne leur avons jamais trouvé plus de douze plumes dans la queue; les trois exemplaires que nous avons sous les yeux et qui proviennent du Musée royal de Bruxelles, n'en possèdent pas non plus davantage. Cette grive, dans sa jeunesse, a souvent été prise pour une espèce distincte; mais elle est particulièrement caractérisée par une bande d'un blanc sale, qui se trouve sous les ailes à tout âge.

Grive chat.

GRIVE CHAT.

TURDUS FELIVOX, BONAP.

CAT THRUSH. — KATZEN DROSSEL.

Wils., Am. Ornith., t. II, pl. 90, fig. 3. — Rich. et Swains., Fauna Bor. Am., p. 192. — Naum., t. XIII, pl. 384. — Naumannia, 1858, p. 421. — Muscicapa carolinensis, Lin. — Turdus carolinensis, Briss. — Orpheus felivox, Swains. — Turdus lividus, Wils.

Cette grive habite en été une grande partie de l'Amérique du Nord, la Nouvelle-Bretagne, les États-Unis, la Géorgie, le Canada, la Louisiane, la Virginie et la Caroline. A l'approche de l'hiver, elle émigre plus vers le Midi et vient même alors en Europe; ce fut ainsi que M. Gätke en prit une sur l'île Helgoland le 18 octobre 1840.

Le chant de cette grive est très-sonore et entremêlé de notes graves; pendant le jour, elle le fait entendre avec assiduité du haut d'un arbre et le prolonge même jusque bien avant dans la soirée. Après le coucher du soleil on entend encore son cri qui ressemble à celui d'un jeune chat; c'est cette particularité qui lui a fait donner son nom spécifique. Bien que cette grive ne soit pas très-farouche, elle est cependant méfiante, et au moindre danger, elle va se cacher entre les arbres.

Les vers, les larves, les insectes et les baies constituent principalement la nourriture de cet oiseau.

Vers la fin d'avril, cette grive annonce son retour par son cri d'appel désagréable, et elle travaille à la construction de son nid au commencement du mois de mai. Ce nid est placé sur un arbre ou un buisson et on en trouve souvent plusieurs à peu de distance l'un de l'autre. Il est cupuliforme et se compose de brins d'herbe, de radicelles et de fibres de tiges; l'intérieur est tapissé de fines radicelles et contient trois à quatre œufs.

Grive ciratique,
1. Mâle. 2. femelle.

GRIVE ERRATIQUE.

TURDUS MIGRATORIUS, LIN.

MIGRATORY-THRUSH. — WANDER DROSSEL.

Temm., t. III, p. 91.— Degl., t. I, p. 462. — Naum., t. XIII, pl. 362. — Gould, t. II, pl. 74. — Bree, Birds of Eur., t. I, p. 182.— Briss., Av., t. II, pl. 225.— Lath., par Bechst., t. III, p. 23. — Rich. et Swains, Faun. Bor. Am., p. 176. — Naumannia, t. II, 1852, p. 122. — Merula migratoria, Swains. — Turdus canadensis, Briss. — T. peregrinus, Brehm.

Cette espèce habite, dans l'Amérique du Nord, la baie d'Hudson, elle est aussi très-répandue dans le Canada. Dans le courant de l'automne, ces grives émigrent par troupes de plusieurs centaines vers le centre et le sud des États-Unis, la Caroline, la Virginie, la Louisiane et les îles avoisinantes. C'est pendant ces migrations que quelques individus s'égarent en Europe, on en trouva même deux sur le marché de Vienne, que l'on avait pris dans les environs de cette capitale. En 1851, S. A. le duc Radzivill reçut, d'un marchand de volaille de Berlin, un exemplaire en chair de cette espèce, et après des recherches, on apprit que ce marchand avait trouvé cette grive parmi une cargaison d'autres oiseaux du même genre, qui tous avaient été pris dans les environs de Meiningen.

Cette grive, qui se tient de préférence dans les endroits découverts, est cependant très-prudente à l'approche de l'homme et le fuit lorsqu'il est encore loin. Elle est d'un naturel très-gai et fait souvent entendre sa voix, tant en volant que pendant le repos; mais c'est principalement au printemps que, cachée entre les branches du sommet des arbres, son chant vient égayer la campagne.

La nourriture de cet oiseau se compose d'insectes, de larves, de vers, de limaces et de différentes baies; il est en outre très-friand de framboises.

La nidification a lieu en avril, entre des broussailles ou sur des arbustes. Le nid, placé à hauteur d'homme, a la forme d'une coupe assez profonde; il est formé de brins d'herbe et de radicelles entremêlés de mousse; l'intérieur est proprement tapissé de brins d'herbe très-fins. Il contient cinq à six œufs.

Grive de Wilson.

GRIVE DE WILSON.

TURDUS WILSONII, BONAP.

WILSON'S THRUSH. — WILSON'S DROSSEL.

Rhea, Heft, II, p. 142.—Rich. et Swains, FAUNA BOR. AM., p. 182.—Wils., AM. ORNITH., t. V., p. 98. — Naum., t. XIII, p. 275. — MERULA WILSONII, Bonap. — TURDUS MUSTELINUS, Wils.

Cette grive a pour patrie les États-Unis ; en automne, elle émigre en Louisiane, en Floride, sur les rives du Mississipi et même jusqu'en Jamaïque. Ces migrations ont lieu par troupes, et il n'est pas rare de rencontrer la grive de Wilson dans la société d'autres espèces du même genre. Elle vient ainsi de temps en temps en Scandinavie, avec des grives qui visitent annuellement l'Europe; on l'a même déjà prise en Poméranie.

Cet oiseau est d'un naturel tranquille et farouche ; son chant est sonore, agréable, et on l'entend encore longtemps après le coucher du soleil.

La nidification a lieu sur des arbres; le nid, qui est cupuliforme, se trouve placé à une hauteur de huit à dix pieds, entre la bifurcation d'une branche. Il est composé de feuilles mortes et de mousse entremêlées de branchettes et de terre ; l'intérieur est tapissé avec de fines radicelles et de la laine, parfois aussi avec quelques plumes. La ponte est de quatre à cinq œufs.

Les *Turdus wilsonii*, *solitarius* et *minor* sont souvent confondus dans les collections et même dans les ouvrages d'ornithologie. Le *T. minor* a été figuré dans la première série de cet ouvrage, d'après un exemplaire pris en Belgique (1).

(1) Oiseaux de la Belgique, t. I, pl. 56b.

Grive solitaire.

GRIVE SOLITAIRE.

TURDUS SOLITARIUS, WILS.

SOLITARY-THRUSH. — EINSAME DROSSEL.

Wils., AM. ORNITH., t. V, p. 95, pl. 43. — Rich et Swains, FAUN. BOR. AMER., p. 184. — Bonap., SYN., p. 75. — Brehm, VÖGEL DEUTSCHL., p. 393. — Naum., t. XIII, pl. 355. — Lath. par Bechst., t. III, p. 20. — Cab., JOURN., t. III, p. 470. — MUSCICAPA GUTTATA, Swains. — TURDUS AONALASCHKÆ, Gmel. — T. PALLASII, Cab. — T. MINOR, Bonap.

Cette espèce est commune dans toute l'Amérique du Nord, ainsi que sur les îles placées entre le nord de l'Asie et l'Amérique septentrionale. En automne, ces grives émigrent vers des contrées où la température est moins froide; elles vont alors en Louisiane, dans les environs du Missis-sipi, en Floride et même jusqu'à l'île de Cuba et en Jamaïque. Il arrive parfois que pendant ces migrations, quelques individus s'égarent en Europe; c'est ainsi que M. C. Naumann (frère de J.-F. Naumann l'ornithologue) en trouva un exemplaire suspendu dans des lacets disposés pour la chasse aux grives, le 22 décembre 1825, à Kleinzerbst près de Köthen, dans le duché d'Anhalt. Il est donc probable que cet oiseau a été pris plus d'une fois en Europe et qu'il n'est malheureusement pas tombé dans les mains de naturalistes, ou qu'il a été confondu avec le *Turdus minor* (1).

La grive solitaire est d'un naturel très-tranquille, elle se tient dans les bois, de préférence près de l'eau. Ses mœurs sont semblables à celles des autres grives et son chant est insignifiant.

La nourriture de cet oiseau consiste en insectes, en vers, en petites chenilles et en baies.

La nidification commence en avril, dans des buissons, le plus souvent à un ou deux mètres de hauteur. Le nid qui est cupuliforme, se compose de branchages et de feuilles mortes; l'intérieur est proprement tapissé de brins d'herbe et de feuilles de graminées. On y trouve quatre à six œufs, mais il est à remarquer que cet oiseau fait deux couvées par an.

(1) Voir *Oiseaux de la Belgique*, t. I, pl. 56ᵇ

30.ª

Grive olivâtre.

GRIVE OLIVATRE.

TURDUS OLIVACEUS, LIN.

THE OLIVE-COLOURED THRUSH. — OLIVENFARBIGE DROSSEL.

Briss. Ornith., t. II, p. 294. — Levaill., Hist. nat. des ois. d'Afr., t. III, p. 1, pl. 98 et 99. — Degl. 2e éd., t. I, p. 405. — *Merula olivacea*, Briss. — *Planesticus olivaceus*, Bonap.

Cette grive est très-abondante dans toute la colonie du cap de Bonne-Espérance et sur les côtes de l'Est jusqu'en Cafrerie; elle est rare dans les autres parties de l'Afrique et ne vient qu'accidentellement dans l'Europe méridionale. Suivant le professeur Flippi, cette espèce a été prise en grand nombre à Polavina, province de Brescia, durant l'automne de 1843, et pendant plusieurs jours les marchés publics en furent pourvus.

Cette espèce recherche de préférence les bords des ruisseaux et les lieux humides. Lors de leur migration, c'est-à-dire au commencement de mars, ces oiseaux passent, suivant Levaillant, en si grand nombre par les forêts d'Auteniquoi que tous les arbres d'une partie entière du bois en sont quelquefois couverts; le même voyageur dit avoir été témoin d'un de ces passages, qui a duré près de quinze jours, après quoi il ne vit plus une seule de ces grives.

La nourriture de cet oiseau se compose principalement de raisins, de figues et d'autres fruits succulents ainsi que de baies, de larves et d'insectes mous; les raisins semblent cependant avoir sa préférence, car à l'époque de leur maturité, cet oiseau devient réellement préjudiciable dans les districts plantés de vignes.

Le nid est fixé aux branches des arbres. Il est assez évasé et composé en dehors de petites branches entrelacées; l'intérieur est garni de racines déliées très-artistement contournées. Ce nid n'est pas maçonné La ponte est de quatre à cinq œufs. Levaillant dit avoir trouvé de ces œufs en novembre; ils sont presque ronds, à fond blanc verdâtre et parsemés de taches d'un brun rouge, bien plus rapprochées vers le gros bout qu'ailleurs.

Grive Polyglotte.

GRIVE POLYGLOTTE.

TURDUS POLYGLOTTUS, LIN.

THE MOCK-THRUSH. — SPOTT-DROSSEL.

Lin. Syst. nat., I, p. 293. — Audub., Orn. Biog., I, p. 108 et V, p. 438. — Bonap. Syn. p. 74. — Audub. Birds of am, t. II, p. 187, pl. 138. — Wils. Am. ornith., t. II, p. 1, pl. I. — *Orpheus polyglottus*, Swains.

Cet oiseau habite particulièrement le sud de l'Amérique; il est surtout commun sur les rives du Mississipi et au Brésil : c'est de ce dernier pays qu'il s'est introduit dans la Nouvelle-Bretagne; il n'est pas rare non plus en Virginie, en Pensylvanie et sur les îles adjacentes du continent américain, mais ce n'est que tout accidentellement qu'on l'a tué en Grande-Bretagne.

La grive polyglotte se plaît dans les pays tempérés et peu éloignés de la mer. Dans le Nord elle est très-farouche, mais dans les parties Sud, où elle se tient souvent sur les cèdres et dans les bosquets qui limitent les routes, elle paraît être à moitié apprivoisée. Elle est réputée, avec raison, comme le meilleur chanteur du territoire américain; sa voix mélodieuse et variée ne peut être comparée qu'à celle de notre rossignol. Il n'est donc pas étonnant que cette espèce soit tant recherchée des amateurs d'oiseaux vivants. Wilson nous apprend à ce sujet qu'une grive bonne chanteuse se paye de 20 à 50 dollars, et qu'on a même refusé 100 dollars pour un chanteur extraordinaire.

Cet oiseau se nourrit de baies de cèdre, de myrthe et de genévrier, de noix de galle, ainsi que d'insectes qu'il saisit avec dextérité.

Le nid est généralement placé dans un buisson solitaire, dans un bosquet impénétrable ou bien sur un cèdre, un oranger, etc., non éloignés des habitations. Il est rarement placé à plus de 6 ou 7 pieds du sol. Ce nid est composé de paille et de buchettes sèches mêlées à du foin, à de la laine et à du coton; l'intérieur est bourré de racines fibreuses. Il y a deux pontes par an, chacune de quatre à cinq œufs.

Grive ferrugineuse

GRIVE FERRUGINEUSE.

TURDUS RUFUS, KLEIN.

FERRUGINOUS THRUSH. — ROSTFARBIGE DROSSEL.

Buff., Pl. enl., 645. — Briss., t II, p. 225. — Wils., Am. Ornith., vol. II, p. 83. — Rich. et Swains, Fauna Bor. Am., p. 189. — Bonap., Syn., p. 75, n° 93. — Audub., Birds of Amer., vol. III, p. 9, pl. 141. — Gätke, Cab. Journ. Ornith., t. IV, 1856, p 71. — Minus rufus, Vieill. — Orpheus rufus, Sweins.

Cette grive réside constamment dans les États-Unis ; en été, on en voit un nombre considérable dans la Louisiane, les Florides, la Géorgie, les Carolines et sur les îles du Missouri. Quelques-unes passent l'hiver dans la Virginie et le Maryland, mais le plus grand nombre émigre plus au nord au commencement d'octobre, et viennent jusque dans les provinces britanniques Pendant leur migration, quelques individus égarés arrivent accidentellement en Europe ; ce fut ainsi qu'on en prit un en automne 1855, dans l'île Helgoland. Cet oiseau devint, encore en chair, la possession de M. Gätke, ce laborieux ornithologue, qui a rendu de grands services à l'ornithologie européenne, en donnant des preuves certaines de l'existence sur le continent de plusieurs espèces douteuses pour notre faune.

La grive ferrugineuse émigre en automne et revient au printemps dans son pays natal ; elle se tient cachée de préférence dans les buissons touffus, les couronnes des arbres, près des lieux marécageux et des rivières ; on entend son chant varié et mélodieux depuis le grand matin jusqu'au soir. Sa nourriture se compose d'insectes, de larves, de vers et particulièrement de baies.

Dans la Louisiane cet oiseau bâtit son nid dès le commencement de mars ; dans les districts médians rarement avant le milieu de mai, et dans le Maine il n'est terminé qu'en juin. Ce nid est placé avec beaucoup de soin dans un buisson de ronces ou dans la partie la plus touffue d'un arbuste, mais jamais dans l'intérieur d'une forêt ; parfois il est disposé à plat sur le sol. Sa forme est large, il est composé de branchages secs entremêlés de feuilles mortes, de brins d'herbe et d'autres matériaux semblables ; l'intérieur est bourré de racines fibreuses, de crin et quelquefois de chiffons et de plumes ; il contient quatre à six œufs.

Turdoïde obscur.

4

Genre Turdoïde. — ***Ixos,*** Temm.

TURDOÏDE OBSCUR.

IXOS OBSCURUS, TEMM.

DUSKY IXOS. — DUNKLE DROSSLING.

Temm., t. IV, p. 608. — Degl., t. I, p. 475. — Bree, vol. I, p. 203. — Malh., Ois. d'Algérie, p. 10. — Hartl., Syst. Ornith. West Afr , p. 88, n° 266. — Haematornis lugubris, Less. — Ixos barbatus, Desf. — I. inornatus, Fraser.

Cet oiseau habite les parties occidentales du nord de l'Afrique ; il est commun en Algérie et dans le midi de l'Espagne, particulièrement en Andalousie. M. Muller a trouvé cet oiseau dans les régions montagneuses de Java, à une hauteur d'environ 800 pieds, et d'après ce voyageur des Indes, cette espèce serait indigène à l'île de Java. D'autres ont constaté la présence de cette espèce dans les plaines, ordinairement le long des ruisseaux boisés et quelquefois même près des lieux habités.

On rencontre le plus souvent les turdoïdes obscurs par couples ou plusieurs ensemble. Ils se tiennent de préférence sur les arbres et les arbrisseaux dont ils recherchent les baies, car ils ne prennent que bien rarement des insectes ou des larves. Son cri d'appel a quelque analogie avec celui du pinson ordinaire, mais son chant est mélodieux et a une certaine ressemblance avec celui du rossignol.

Le nid du turdoïde obscur est légèrement construit et a la forme d'une soucoupe ; il est composé de bûchettes, de radicelles et de fibres végétales; l'intérieur n'est bourré ni de plumes ni d'aucune autre matière chaude. La ponte est de quatre ou cinq œufs.

Petrocincle bleu,

1. Mâle, 2. Femelle.

PÉTROCINCLE BLEU.

PETROCINCLA CYANEA, VIGORS.

BLUE ROCK-THRUSH. — BLAUE STEINDROSSEL.

Temm., t. I. p. 174. — Degl., t. I, p. 479. — Gould, t. II, pl. 87. — Naum., t. II, pl. 72. — Bree, t. I, p. 199. — Malh., FAUNE DE SICILE, p. 57. — Savi, ORNITH. TOSCANA, t. I, p. 217. — v. d. Mühle, ORNITH. GRIECHENLAND'S, n° 124. — Malh., OIS. DE L'ALGÉRIE. p. 10. — TURDUS AZUREUS, Lebrun. — T. CYANUS. Lin. — T. SOLITARIUS, Lath. fem. — T. MANILLENSIS, Lath. jeune. — MERULA CÆRULEA, Briss. — SYLVIA SOLITARIA, Savi. — PETROCOSSYPHUS CYANEUS, Boie.

Ce pétrocincle habite les îles montagneuses de la Méditerranée, les Apennins, les hautes montagnes du Piémont, les Pyrénées, ainsi que les différentes chaînes de montagnes du midi de la France, de l'Espagne, de l'Italie, de la Dalmatie et de la Grèce ; il est assez commun dans ce dernier pays, mais il est rare sur les montagnes de la Suisse, du Tyrol et de la Bavière. On le rencontre également en Égypte, en Sénégambie et aux îles Philippines.

Cet oiseau se tient, comme nous venons de le dire, sur les montagnes, mais on le voit quelquefois aussi sur les ruines, les toits des habitations et sur les poteaux; plus rarement sur les arbres. Il est d'une nature très-craintive, quoiqu'il recherche le voisinage de l'homme. Il fait entendre son chant clair et mélancolique avec assiduité, car on l'entend déjà de grand matin jusque bien avant dans la soirée. Cet oiseau s'apprivoise aisément, et en captivité, il contrefait le chant des autres oiseaux.

La nourriture de ce pétrocincle consiste en limaces, en sauterelles, en coléoptères, en larves et chenilles et en baies.

Son nid se trouve dans les fentes des montagnes et entre les vieux murs des ruines. Les matériaux qui entrent dans sa composition sont ordinairement des tiges, des brins d'herbe entremêlés de quelques feuilles mortes et de mousse ; l'intérieur est bourré avec peu de soin de radicelles. Ce nid est tellement plat, que les quatre à cinq œufs qu'il contient dépassent le bord.

5.4

Motteux à queue blanche.
1. Mâle 2. Femelle.

TRAQUET A QUEUE BLANCHE.

SAXICOLA LEUCURA, KEYS. et BLAS.

WHITE TAILED WHEATEAR. — WEISSCHWANZ STEINSCHMÄTZER.

Temm., t. I, p. 236. — Degl., t. I, p. 491. — Gould, t. II, pl. 88. — Bree, Birds of Eur., t. II, pl. 71. — Malh., Faune de Sicile, p. 62. — Savi, Ornith. Toscana, t. III, p. 211. — Jaub. et Barth., Richesses ornith., p. 221. — v. d. Mühle, Ornith. Griechenland's, n° 170 — Malh., Ois. d'Algérie. — Rüpp., Vg. N.-O. Afrika's, n° 151. — Tristram (Ibis) vol I, p. 296. — Turdus leucura, Gmel. — Sylvia leucura, Savi. — Œnanthe leucura, Vieill. — Vitiflora leucura, Bonap. — Dromoloea leucura, Cab. — Saxicola cacchinans, Temm.

Ce traquet habite les pays du sud de l'Europe, tels que l'Espagne, le Portugal, la Sardaigne, les îles de Corse et de Sicile. Il visite pendant ses migrations les Apennins et le midi de la France; on l'a même déjà observé en Algérie, en Grèce et en Crimée, ainsi que sur les rochers de Gibraltar, à une hauteur de 3,000 pieds et même davantage, au-dessus du niveau de la mer.

Les endroits que cette espèce recherche de préférence, sont les versants sauvages et arides des montagnes, où le mâle aime à faire entendre son chant, qui est assez agréable, durant lequel il tient parfois les ailes pendantes et la queue étalée, tout en trépignant en même temps sur des rocs ou sur les pierresqui l'avoisinent. Il vole en chantant et s'abat peu après, avec les ailes et la queue déployées, à côté de sa compagne, laquelle reste simple spectatrice des évolutions du mâle La prudence et la timidité de cet oiseau en rend la chasse très-difficile, surtout à cause de l'habitude qu'il a de fuir le danger en se faufilant avec une grande rapidité entre des tas de pierres.

Sa nourriture, qu'il prend aussi bien en volant qu'en la cherchant sur le sol, se compose d'insectes, de larves et de vers.

Vers le mois d'avril, on trouve le nid de cette espèce entre les crevasses des rochers. Ce nid construit au moyen de brins d'herbe et de radicelles, bourré à l'intérieur de poils de chèvre contient cinq à sept œufs. Les jeunes, dès les premiers jours de leur existence, savent déjà se cacher entre des pierres ou des fentes de rochers, lorsque le mâle, par son cri d'alarme, les avertit du danger.

Motteux leucomèle.

MOTTEUX LEUCOMÈLE.

SAXICOLA LEUCOMELA, TEMM.

BLACK AND WHITE WHEATEAR. — WEISS UND SCHWARTZE STEINSCHMÄTZER.

Temm., t. III, p. 166. — Degl., t. I, p. 490. — Bree, BIRDS OF EUR., t. II, p. 133. — Meyer, VÖGELKUNDE, t. III, p. 100. — Thiene, pl. XXIII, fig. 6. — Lichst., DUBLETEN CAT., p. 33. — Temm., pl. col., 257. — v. d. Mühle, ORNITH. GRIECHENLAND'S, n° 169. — Rüpp., VG. N.-O. AFRIKA'S, n° 156. — SYLVIA LEUCOMELA, Temm. — MUSCICAPA LEUCOMELA et M. PLESCHANCA, Lath. — MOTACILLA LEUCOMELA, Pall. — M. PLESCHANCA, Lepec. — OENANTHE PLESCHANCA, Vieill. — VITIFLORA LEUCOMELA, Bonap. — SAXICOLA LUGENS, Lichst.

Cet oiseau habite le Levant ; on le trouve en Sibérie, sur les monts Ourals, sur le mont Altaï, en Crimée et en Russie ; d'après Pallas, il serait assez commun sur les rives rocailleuses du Volga, de l'Oka et du Kama. On l'a aussi observé en Laponie et en Daourie.

Ce motteux sans être timide, évite cependant la présence de l'homme ; il se tient de préférence dans les endroits pierreux et solitaires. Sa chasse est très-difficile, parce que dès qu'il s'aperçoit qu'on l'a découvert, il se cache entre les pierres.

La nourriture de cet oiseau est composée de larves de coléoptères, de mouches et d'autres insectes.

Au printemps, à l'approche de l'époque des amours, le mâle commence son chant, qu'il fait entendre, tantôt en se reposant, tantôt en s'élevant dans les airs.

Il niche dans les fentes des rochers ou dans des trous de vieux murs ; quelquefois aussi sous des pierres. Le nid est construit au moyen de différentes matières végétales et de brins d'herbe ; l'intérieur est proprement tapissé de fibres végétales et de crin. Il contient ordinairement quatre à cinq œufs.

L'espèce africaine, le *Saxicola lugens*, habitant l'Égypte et la Nubie, qui a été trouvée en Grèce par M. le comte von der Mühle, n'est qu'une variété climatique de l'espèce que nous venons de décrire, et elle ne diffère de celle-ci que par la couleur des plumes subcaudales, comme la figure 2 le représente.

Motteux oriental.

MOTTEUX ORIENTAL.

SAXICOLA ORIENTALIS, BREHM.

ORIENTAL WHEATEAR. — ÖSTLICHER STEINSCHMÄTZER.

Ménét., CAT. CAUC., p. 30, n° 56. — Degl., t. I, p. 485. — Schleg., REVUE, p. XXXIII. — Keys. et Blas., p. LIX. — Bree, vol. II, p. 136. — VITIFLORA SALTATRIX, Bonap. — SAXICOLA SALTATOR, Ménét. — S. SALTATRIX, Keys. et Blas.

Ce motteux est originaire des bords de la mer Caspienne, des régions de l'Oural, de l'Égypte, de la Nubie et de la Grèce.

Les mœurs de cet oiseau sont analogues à celles de ses congénères : il se tient spécialement sur les rochers et dans les endroits pierreux. Les variations qu'offrent cette espèce dans ses différents âges sont, à ce qu'il paraît, très-peu sensibles, et le plumage du mâle ne diffère guère de celui de la femelle; ce motteux est aussi réputé plus petit que le *S. cinerea*, mais cela est à peine visible, car ayant comparé ces deux espèces, nous avons trouvé que leurs dimensions étaient pour ainsi dire identiques. Nous croyons donc avec raison, que le *S. orientalis*, qu'on a désigné depuis peu comme une espèce distincte, n'est qu'une simple variété du *S. cinerea* qu'on ne peut même admettre comme une variété climatique. D'ailleurs il sera facile de s'assurer de la justesse de notre argument par la figure ci-jointe, que nous considérons comme un jeune mâle de la véritable espèce.

Motteux à gorge noire,

1. Mâle, 2. Femelle.

MOTTEUX A GORGE NOIRE.

SAXICOLA ATROGULARIS, DUBOIS.

BLACK-THROATED WHEATEAR.—SCHWARZKEHLIGE STEINSCHMÄTZER.

Temm., t. I, p. 239. — Degl., t. I, p. 486. — Gould, t. II, pl. 91. — Naum., t. III, pl. 90. — Bree, t. II, p. 123. — Meyer et Wolf, t. III, p. 98. — Malh., FAUNE DE SICILE, p. 63. — Savi, ORNITH. TOSCANA, t. I, p. 225. — v. d. Mühle, ORNITH. GRIECHENLAND'S, n° 167. — Rüpp., VG. N.-O. AFRIKA'S, n° 162. — MOTACILLA STAPAZINA, Lin. — SYLVIA STAPAZINA, Lath. — OENANTHE STAPAZINA, Vieill. — O. RUFA, Steph. fem. — VITIFLORA STAPAZINA, Boie. — V. RUFA, Briss. — SAXICOLA STAPAZINA, Temm.

Ce motteux habite en Afrique, le Sénégal, l'Égypte, la Nubie et l'Abyssinie; en Europe on le trouve en Portugal, en Espagne, en Italie, sur les Pyrénées, dans le midi de la France, et près de la mer Caspienne; il est plus rare au Tyrol.

Cet oiseau se tient de préférence sur les rochers rocailleux et sur les falaises escarpées qui bordent la mer et les lacs.

Le motteux à gorge noire est un oiseau très-remuant et timide qui prend la fuite au moindre danger. Son chant est agréable et il imite avec facilité les autres oiseaux, surtout le chant des alouettes. Après l'époque de la couvaison, il descend dans les plaines rocailleuses, mais à l'approche de l'hiver, il quitte notre continent pour passer la mauvaise saison en Afrique.

La nourriture de cet oiseau consiste en vers, larves, cousins, mouches, et surtout en insectes qu'il attrape au vol ou à la course.

Son nid est bâti dans les crevasses des rochers ou sous des pierres, parfois aussi entre des racines et sous des broussailles Ce nid se compose de brins d'herbe secs et de tiges, parfois mélangé d'un peu de mousse; l'intérieur est tapissé de fines radicelles et de crin. Il contient quatre à cinq œufs.

Motteux oreillard.

1. Mâle. 2. femelle.

MOTTEUX OREILLARD.

SAXICOLA AURITA, TEMM

BLACK-EARED WHEATEAR. — SCHWARZÖHRIGE STEINSCHMÄTZER.

Temm., t. I, p. 241. — Gould, t. II, pl. 92. — Degl., t. I, p. 488. — Malh., FAUNE DE SICILE, p. 64. — v. d. Mühle., ORNITH. GRIECHENL., n° 108. — Savi, ORNITH. TOSCANA, t. I, p. 223. — MOTACILLA STAPAZINA, Gmel., var. - SYLVIA STAPAZINA, Lath., var.—OENANTHE ALBICOLLIS, Vieill. — VITIFLORA RUFESCENS, Briss. — V. ALBICOLLIS, Vieill. — V. AURITA, Bonap.

Ce motteux habite toutes les contrées du midi de l'Europe, telles que la Grèce et les îles de l'Archipel, la Dalmatie, l'Italie, l'Espagne, le midi de la France et jusque sur les Pyrénées; il est commun sur les bords de la mer Caspienne et sur les rochers avoisinant la Méditerranée.

L'espèce qui nous occupe se tient généralement sur les rochers; elle est d'un naturel excessivement timide. Lorsqu'au printemps ces oiseaux reviennent de leur migration, ce qu'ils font ordinairement en se tenant par couples, ils pénètrent aussitôt entre les lacunes des rochers. Le mâle lorsqu'il s'élève dans les airs, le fait en chantant et en battant souvent des ailes.

Les aliments de ce motteux consistent généralement en cousins, en mouches et autres insectes, ainsi qu'en larves et en vers.

Le nid est placé sous des pierres ou dans les crevasses des rochers. Il est fait avec des brins d'herbe secs, des tiges et de la mousse; l'intérieur est bourré de fines radicelles et de crin ou de laine; on y trouve d'ordinaire quatre à cinq œufs.

1. Rouge-queue aurore
2. Rouge-queue érythrogastre.

ROUGE-QUEUE AURORE.

RUTICILLA AURORA, BREHM.

AURORA REDSTART. — AURORAFARBIGE ROTHSCHWANZ.

von Kitz., Kupf., pl. XXVI, fig. 1. — v. d. Müh., Monogr. Eur. Sylviens. — Bree, Birds of Eur., vol. II, p. 1. — Motacilla aurorea, Pall. — M. Erythrogastra, Güdst. — Sylvia aurorea, Lath. — S. Semirufa, Ehr. — S. erythrogastra, Müh. — Lusciola erythrogastra, Schleg.

Ce rouge-queue a pour patrie le Caucase, le voisinage du Baïcal, l'Altaï, la Circassie, la Moldavie, la Crimée et d'autres contrées baignées par la mer Noire.

Cet oiseau est en général pourvu, dans ces différents pays, d'une tache blanche sur les ailes, de forme plus ou moins carrée, qui le distingue facilement des autres oiseaux du même genre. Il est cependant à remarquer qu'on rencontre quelquefois aussi chez nous des rouge-queues très-adultes, qui présentent également cette particularité.

L'oiseau désigné sous le nom de rouge-queue érythrogastre (*R. erythrogastra*, fig. 2) se rencontre en Chine, au Japon, en Perse, en Arabie et en Nubie. Il se caractérise par la couleur foncée, presque noire, du dos et par la tache blanche céphalique, qui présente une plus grande étendue que chez les autres oiseaux de ce genre, à tel point qu'elle couvre entièrement la tête. On observe cette variété en Europe, mais elle y est rare.

Les deux rouge-queues que nous venons de décrire, ne sont que des variétés climatiques du *R. phœnicurus*, dont ils ont les mœurs, le chant et le mode de propagation.

Rouge-queue de Caire.

ROUGE-QUEUE DE CAIRE.

RUTICILLA CAIRII, GERBE.

CAIRE'S REDSTART. — CAIRE'S ROTHSCHWÄNZCHEN.

Gerb., Dict. univ. d'hist. nat., t. XI, p. 259. — Degl., t. I, p. 507. — Bree, vol. II, p. 6. — Erithacus Caira, Degl. — Ruticilla montana, Breh.

Cet oiseau fut décrit pour la première fois par M. Gerbe, qui le dédia à l'abbé Caire, duquel il l'avait reçu. Depuis cette époque, ce rouge-queue a été adopté par plusieurs naturalistes, et nous croyons être agréable aux amateurs en leur faisant connaître, par une bonne figure, cet oiseau si problématique.

Les ornithologistes se persuaderont facilement avec nous, que le *R. Cairii* n'est qu'un *R. atrata*, dont la couleur générale est un peu plus pâle, chose sur laquelle est basée le seul caractère de cette nouvelle espèce.

M. Degland dit que le *R. Cairii* habite le sommet des Basses-Alpes, qu'il est commun aux environs de Barcelonnette, et qu'il passe régulièrement près de Moustiers-Sainte-Marie.

D'après le même auteur, les deux sexes ne diffèrent pas entre eux. Mais comme il est constaté que les jeunes mâles des rouges-queues sont presque semblables aux femelles, il n'est pas douteux qu'on ait pris un pareil couple pour en faire une nouvelle espèce. Nous ne doutons pas, du reste, que dans les localités désignées comme étant la patrie de cette espèce douteuse, on ne trouve également le *R. atrata* à l'état adulte, ou tout au moins dans une couleur un peu plus pâle formant une légère variété locale.

Rouge-queue bleussier.

1. Mâle, 2. jeune.

ROUGE-QUEUE MOUSSIER.

RUTICILLA MOUSSIERI, TRISTR.

MOUSSIER'S REDSTART. — MOUSSIER'S ROTHSCHWANZCHEN.

L. Olph-Galliard, Soc. NATION. D'AGR. D'HIST. NAT. DE LYON, avril 1852. — L. Olph-Gall., NAUMANNIA, t. II, n° 3, p. 68. — The Ibis, Tristr., NOTES FROM EASTERN ALG., t. II, p. 361, pl. XI.

Cette nouvelle espèce habite l'Algérie, où elle a été découverte dans la province d'Oran, par M. Moussier en février 1850. On l'a observée dans le pays de Tunis, où elle paraît être assez commune dans les ruines d'Utica; mais elle devient de plus en plus abondante à mesure qu'on s'approche des oasis de Djereed, de Nefta et de Souf, et elle abonde même dans celles de M'zab et de Waregla. En Europe cet oiseau n'a été pris que dans la province d'Andalousie, en Espagne.

Ce rouge-queue est très-farouche : il guette de loin la présence de l'homme et l'a déjà évité avant que celui-ci ait pu s'en approcher à portée de fusil. Il paraît montrer une grande prédilection pour certains végétaux arborescents du type des liliacées, car c'est généralement du haut de ces plantes qu'il observe l'ennemi et qu'il fait entendre son chant monotone.

La nourriture de cet oiseau consiste en coléoptères, diptères et autres insectes ainsi qu'en larves et en vers.

La nidification se fait dans des trous, généralement dans les lézardes des rochers ou des vieilles murailles. Le nid est légèrement bâti à l'aide de tigelles, de radicelles et de mousse; l'intérieur est bourré de poils et de plumes; il contient quatre à cinq œufs d'un vert blanchâtre.

Rubiette gorge de feu.

RUBIETTE GORGE DE FEU.

ERITHACUS IGNIGULARIS, DUBOIS.

FIRE-TROATED WARBLER — FEUERKELCHEN SÄNGER.

Temm., t. III, p. 172. — Degl., t. I, p. 514. — Gould, t. II, pl. 114. — Bree, Birds of Eur., t. II, p. 16. — Kitt., Kupf., pl. XVII, p. 14. — Schleg., Revue, p. XXXII. — Turdus Kamtchatkensis, Gmel. — T. Calliope, Lath. — Motacilla Calliope, Pall. — Sylvia Calliope, v. d. Mühl. — Cyanecula Calliope, Gray.— Lusciola Calliope, Keys. et Blas. — Accentor Calliope, Temm. — Calliope Lathami, Gould. — Erithacus Calliope, Degl.

Cette rubiette habite en hiver les îles Philippines, le Bengale et le Japon; en été elle se tient dans le voisinage de l'Oural, en Sibérie et au Kamtchatka où elle est commune. Pendant la migration d'automne, elle vient parfois dans la Russie d'Europe, en Crimée et en Islande.

Après l'époque des amours, à partir du commencement de septembre, cette rubiette se tient souvent en petites sociétés dans des bosquets de saules et elle aime aussi à courir sur la terre. En été, elle habite par couple les clairières des forêts de bouleaux, où le mâle, perché sur la cime des arbres, fait entendre jour et nuit son chant, qui est très-agréable et égaye ces lieux solitaires; lorsqu'il chante, il gonfle la gorge et dresse la queue.

Cet oiseau se nourrit principalement d'insectes, de larves, de vermisseaux et de baies.

Le nid est placé à terre, ordinairement entre les branches qui poussent au pied des saules, de manière à être entièrement couvert par les herbes sèches qui y sont accumulées. Ce nid est construit à l'aide de mousse et d'herbe; l'intérieur est tapissé d'une couche de poils de renard ou d'autres animaux. La femelle dépose sur cette litière quatre à cinq œufs.

Rubiette philomèle.

RUBIETTE PHILOMÈLE.

ERITHACUS PHILOMELA, DEGL.

PHILOMEL NIGHTINGALE. — PHILOMELE SÄNGER.

Temm., t. I, p. 196. — Naum., t. II, pl. 74. — Gould., t. II, pl. 117. — Degl., t. I, p. 501. — Bree, BIRDS OF EUR., t. II, p. 19. — Savi, ORNITH. TOSC., t. I, p. 212. — MOTACILLA LUSCINIA MAJOR, Gmel. — M. AEDON, Pall. — CURRUCA PHILOMELA, Koch. — SYLVIA PHILOMELA, Bechst. — LUSCINIA MAJOR, Briss. — L. PHILOMELA et L. EXIMIA, Brehm. — LUCIOLA PHILOMELA, Keys. et Blas. — PHILOMELA MAJOR, Swains.

Cet oiseau habite l'Espagne, la Dalmatie, la Hongrie, l'Autriche, la Pologne, la Poméranie, la Suède, la Finlande, la Russie, les provinces du Caucase et la Perse.

Cette espèce se tient de préférence dans les endroits humides et marécageux pourvus de saules et d'aunes; pour le reste, ses habitudes sont identiques à celles du rossignol. Son chant, qu'elle ne fait entendre le plus souvent que pendant la nuit, est bien plus accentué et plus sonore que celui de ce dernier, et il est pour ainsi dire impossible de tolérer la présence de cet oiseau dans un appartement. Bien que le chant de cette rubiette soit préféré à celui du rossignol par beaucoup de personnes, il lui est cependant bien inférieur, car les interruptions sont plus longues, il est aussi moins varié et moins doux. La rubiette philomèle n'est point timide, elle développe peu de grâce dans ses mouvements; sa nature très-délicate ne permet que fort difficilement de la tenir en captivité.

La nourriture de cet oiseau se compose de mouches, de petites chenilles, de vers et de baies.

Le nid se trouve à terre sous des broussailles ou sur une touffe d'herbe bien cachée; il est construit au moyen de brins d'herbe, de menues racines, de feuilles et d'un peu de mousse, mais sans autre couche interne; on y trouve ordinairement vers la fin de mai quatre à cinq œufs.

Accenteur montagnard

ACCENTEUR MONTAGNARD.

ACCENTOR MONTANELLUS, TEMM.

MOUNTAIN ACCENTOR. — BERGH-FLUHVOGEL.

Temm., t. I, p. 251. — Degl., t. I, p. 519. — Naum., t. III, pl. 92. — Gould, t. II, pl. 101. — Bree, Birds of Eur., t. II, p. 115. — Motacilla montanellus, Pall. — Accentor Temminckii, Brandt.

Cet oiseau habite la Sibérie et la Russie ; il parvient accidentellement en Crimée, en Dalmatie, en Hongrie et jusqu'aux États napolitains.

L'accenteur montagnard vit dans les régions montagneuses et ce n'est qu'en hiver qu'il se décide à descendre dans les vallées et les terrains plats. Il égaie souvent les localités où il réside par son chant doux et soutenu.

Le plumage des deux sexes diffère très-peu entre eux, et il est même difficile de distinguer le mâle de la femelle.

La nourriture de cet oiseau consiste en larves, insectes, baies et graines.

La nidification se fait dans les fentes des rochers ou dans un trou creusé à terre entre des rocailles. Le nid est formé de brins d'herbe et de mousse; il est mollement bourré à l'intérieur avec de la laine et quelques plumes sur lesquelles reposent trois à cinq œufs.

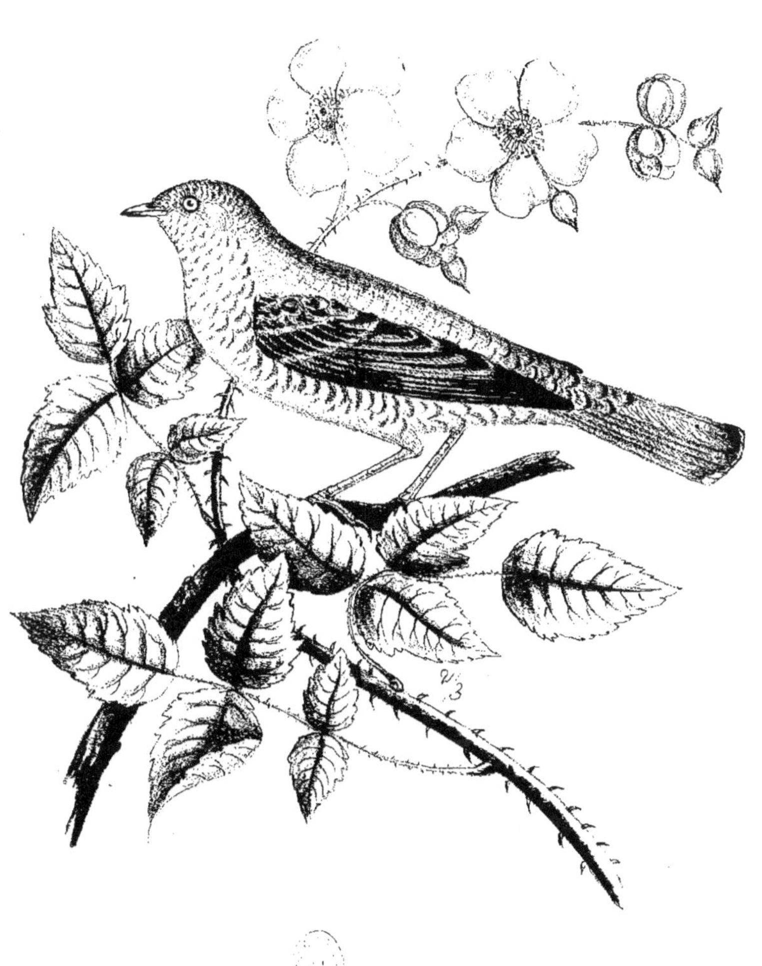

Fauvette rayée

FAUVETTE RAYÉE.

SYLVIA NISORIA, BECHST.

BARRED WARBLER. — GESPERBERTE GRASMÜCKE.

Temm., t. I, p. 200. — Naum., t. II, pl. 76. — Gould, t. II, pl. 128. — Degl., t. I, p. 532. — Bree, Birds of Eur., t. II, p. 22. — Savi, Ornith. Tosc., t. I, p. 255. — Motacilla nisoria, Hemp.— Curruc nisoria, Koch. — C. undata, Brehm. — Nisoria undata, Bonap. — Adophoneus nisorius, Kaup. — A. undatus et A. undulatus, Brehm.

Cette fauvette se rencontre dans plusieurs contrées de l'Allemagne, telles que le Brandebourg, la Silésie et la Hongrie, ainsi que dans plusieurs parties de la Suède et de la Norwége. Elle visite en automne, pendant ses migrations, la Provence, le Piémont, la Sicile et la Toscane.

La fauvette rayée recherche habituellement les buissons épineux et les arbres solitaires ; on la voit aussi parfois dans les broussailles qui bordent les cours d'eau, sur les haies des champs, dans les endroits secs et montagneux, et même dans les jardins. La vie que cet oiseau mène est ordinairement très-retirée, de manière qu'on ne peut que fort difficilement l'atteindre, et l'on ne s'aperçoit le plus souvent de sa présence que par son cri d'appel qui ressemble à *errr* et qu'il répète souvent. Le chant du mâle est sonore et assez agréable ; il le fait souvent entendre quand il s'élève dans les airs ou lorsqu'il voltige d'un arbre à l'autre ; il le termine par les sons *tack tack.*

La nourriture de cet oiseau consiste en chenilles, en larves, en insectes, en vers et en baies.

La nidification commence en mai. Le nid, placé dans des buissons épineux, est composé de chaume sec et le bord supérieur est raffermi avec des toiles d'araignées, et c'est aussi au moyen de cette dernière matière que le nid est attaché aux branches ; l'intérieur, qui est bourré de fibres végétales, contient quatre à six œufs.

Fauvette mélanocéphale

1. Mâle. 2. femelle.

FAUVETTE MÉLANOCÉPHALE.

SYLVIA MELANOCEPHALA. LATH.

BLACK-HEADED WARBLER. — SCHWARZ-KÖPFIGE GRASMÜCKE.

Temm., t. I, p. 203. — Gould, t. II, pl. 129. — Degl., t. I, p. 540. — Bree, Birds of Eur., t. II, p. 33. — Savi, Ornith. Tosc., t. I, p. 267. — Malh., Faune de Sicile, p. 77. — v. d. Mühle, Ornith. Griechenl., n° 153.—Rüpp., Vög., N. O. Afrika's, n° 131.—Motacilla melanocephala, Gmel. — Curruca melanocephala, Less. — Pyrophthalma melanocephala, Bonap. — Sylvia ruscicola, Vieill.

Cet oiseau habite le nord de l'Afrique, la Grèce, la Turquie, la Bessarabie, sur les bords du Danube, la Dalmatie, l'Italie, l'Espagne, le midi de la France, les îles Canaries et particulièrement les îles Ténériffe et Fœroë.

La fauvette mélanocéphale vit la plupart du temps dans les broussailles de ronces et dans les haies qui avoisinent les eaux. Son naturel est timide, mais très-gai ; elle rampe en quelque sorte sur la terre à travers le plus épais des broussailles, en laissant échapper de temps en temps un petit cri ressemblant à *cré, cré*. Le mâle se perche quelquefois aussi sur une branche découverte d'un arbrisseau pour faire entendre sa voix, qui est peu mélodieuse et encore moins sonore ; après ce chant qui, est en général de courte durée, l'oiseau va aussitôt se cacher entre le feuillage.

La nourriture de cet oiseau est la même que celle des autres espèces de ce genre : elle se compose de chenilles, de larves, d'insectes, de vers et de différentes baies.

La construction du nid commence déjà en mars ou avril, mais en juin a lieu une seconde couvaison. Le nid, placé entre d'épaisses broussailles, très-près de terre, est fait avec des brins d'herbe secs et l'intérieur est tapissé de laine et de crin ; on y trouve cinq à six œufs.

Fauvette Ruppel.

1. Mâle. 2. femelle.

FAUVETTE RUPPEL.

SYLVIA RUPPELLII, TEM.

RUPPELL'S WARBLER. — RÜPPEL'S GRASMUCKE.

Tem., t. III, p. 129. — Degl., t. I, p. 542. — Gould, t. II, pl. 122. — Schleg. Rev. p. XXV — Bree, Birds of Eur., t. II, p. 26. — v. d. Müh., Ornith Griechenl., n° 137. — Rüp. Vg. N. O. Afr., n° 135. — Sylvia capistrata, Rüpp. — Curruca Ruppeli, Bonap.

Cette fauvette se rencontre en Nubie, en Égypte, sur les îles avoisinant les côtes de la mer Rouge et sur l'île de Chypre; elle a été observée en Grèce par M. le comte von der Mühle.

Le naturaliste que nous venons de citer rapporte avoir vu cet oiseau dans un endroit rocailleux et couvert de buissons arides, d'où il sortait pour aller se reposer sur un arbre à pain. Ce fut pendant qu'il se tenait sur cet arbre, presque immobile et la queue pendante, que M. von der Mühle put l'abattre d'un coup de fusil. Cet oiseau ne paraissait d'ailleurs pas être effarouché, car il ne montrait aucune crainte pendant qu'on tirait dans les environs après d'autres oiseaux, ce qui fit supposer au comte, que cette fauvette devait avoir son nid non loin du lieu où il l'avait tuée.

La fauvette de Rüppel construit son nid entre des broussailles; il est cupuliforme et légèrement bâti à l'aide de tiges, de feuilles et de fibres d'écorces d'arbres; l'intérieur contient des substances analogues, mais plus fines, qui servent de litière à quatre ou cinq œufs.

67

Fauvette sub-alpine,
1. Mâle, 2. Femelle.

FAUVETTE SUB-ALPINE.

SYLVIA SUBALPINA, BONNEL.

SUB-ALPINE WARBLER. — SUBALPINE GRASMÜCKE.

Temm., t. III, p. 151. — Degl., t. I, p. 536. — Gould, t. II, pl. 124. — Bree, t. II, p. 29. — Meyer et Wolf, t. III, p. 91. — Malh., FAUNE DE SICILE, p. 81. — Savi, ORNITH. TOSCANA, t. I, p. 227.—v. d. Mühle, ORNITH. GRIECHENLAND'S, n° 150.—v. Kittlitz, Kupf., pl. 27, fig. 1.—Rüpp., VGL. N.-O. AFRIKA'S, n° 129.— CURRUCA PASSERINA, Gerb.—C. MINOR, Briss. jeune.—SYLVIA PASSERINA, Gmel. — S. LEUCOPOGON, Heck. — S. BONELLI, Keys. et Blas. — S. MYSTACEA, Menetr.

Cette fauvette habite les côtes de la Méditerranée et de la mer Caspienne; on la rencontre en Grèce, en Dalmatie, en Toscane, en Sardaigne, en Sicile et dans les autres îles avoisinantes, ainsi que dans le midi de la France. On l'a également vue dans les îles Canaries, en Algérie et en Égypte.

Cet oiseau se tient de préférence sur des montagnes exposées au soleil et couvertes d'arbustes et de fourrés très-épais, qu'il parcourt avec beaucoup d'agilité et échappe ainsi facilement aux yeux de l'observateur. On ne le voit jamais dans l'intérieur des bois. Lorsque le mâle fait entendre son chant, il se place ordinairement sur une branche découverte ou sur un buisson; sa voix simple mais très-claire, est assez agréable à entendre. Il arrive parfois qu'il prend son vol tout en continuant son chant.

La fauvette sub-alpine se nourrit de mouches, de cousins, de larves, de chenilles et d'autres insectes, ainsi que de leurs œufs; elle aime beaucoup les fruits sucrés.

Cette espèce fait deux pontes par an. Son nid, bâti entre des broussailles, est composé de tiges tendres et laineuses, entremêlées de brins d'herbe et quelquefois même de toiles d'araignée; l'intérieur est tapissé de radicelles et de crin. Il contient cinq œufs, rarement davantage.

Nous croyons utile de faire remarquer que dans cette espèce, le pourtour des yeux n'est pas nu comme on croirait le voir au premier abord, mais il est garni de très-petites plumes couleur de chair, qui lui donnent cette apparence.

Fauvette à lunettes.

FAUVETTE A LUNETTES.

SYLVIA CONSPICILLATA, DE LA MARMORA.

SPECTACLED WARBLER. — BRILLEN GRASMÜCKE.

Temm., t. I. p. 210. — Degl., t. I. p. 559. — Gould. t. II. pl. 126. — Bree, t. II, p. 38. — Meyer et Wolf. t. III. p. 88. — Malh., Faune de Sicile, p. 80. — Savi. Ornith. Toscana. t. I. p. 263. — v. d. Mühle. Ornith. Griechenland's. n° 149. — Curruca conspicillata. Gerbe. — Sterparola conspicillata. Bonap. — Sylvia cinerea. Lath.

On rencontre cet oiseau près de la mer Caspienne, au Liban, en Grèce. en Dalmatie, en Toscane, en Sicile. en Sardaigne, en Espagne. dans le midi de la France et en Algérie.

Il se tient de préférence dans les buissons, surtout dans ceux qui sont épineux et situés aux abords des jardins. Cette fauvette, qui est très-agile, parcourt avec beaucoup de facilité les broussailles les plus épaisses. Elle est aussi fort gaie, chante quelquefois pendant son vol et redescend à la même place d'où elle était partie quelques minutes auparavant et continue son chant ; celui-ci est assez semblable au chant de la *S. cinerea*. Du reste cette fauvette est infatigable : on l'entend à l'aube du jour jusqu'après le coucher du soleil, et lorsqu'elle cherche une place pour passer la nuit, elle fait ordinairement entendre un son ressemblant à *tack tack*.

Elle prend sa nourriture aussi bien à terre que sur les buissons ; celle-ci consiste en vers, larves, petits insectes, petites chenilles non velues et en baies, surtout si elles sont douces.

On trouve le nid de cette fauvette dans les buissons, mais à peu d'élévation du sol ; son nid est composé principalement de brins d'herbe et l'intérieur est bourré de crin ; il contient quatre à cinq œufs.

Avant de terminer, nous ferons remarquer que l'identité de cette espèce est très-douteuse, car la grande analogie qu'elle a avec la *S. cinerea*, nous la fait considérer comme une variété climatique de cette dernière, surtout que la principale différence que donnent les auteurs qui l'ont adoptée, consiste uniquement dans la grandeur qui est un peu moindre que celle de l'espèce commune. Les sourcils blancs sont aussi plus ou moins apparents, ainsi que le bord nu des paupières que l'on remarque également chez la *S. cinerea*, lequel est plus rouge et plus distinct chez les individus bien adultes des contrées du Midi. Ces différences nous semblent trop dénuées de caractères pour constituer une espèce.

Fauvette aride

FAUVETTE SARDE.

SYLVIA SARDA, MARM.

SARDINIA WARBLER. — SARDINISCHE GRASMÜCKE.

Temm., t. I, p. 204. — Degl., t. I, p. 545. — Gould., t. II, pl. 127. — Bree, Birds of Eur., t. II, p. 42. — v. d. Mülh, Ornith. Griechenl., n° 152. — Savi, Ornith. Tosc., t. I, p. 266. — Melisophilus sarda, Gerbe. — Pyrophthalma sarda, Bonap. — Sylvia sardonica, Vieil. — S. curruca, Lath.

La fauvette sarde a pour patrie la Sardaigne, la Corse, la Sicile, la Toscane et la Grèce.

Cet oiseau se reconnaît facilement au bord libre des paupières gonflé et d'un beau rouge, ce qui est occasionné par la température des pays qu'il habite. Il se tient dans les broussailles épineuses des ravins et des montagnes; on le voit continuellement en mouvement : tantôt butinant sur les fleurs pour chercher les insectes qui se trouvent au fond des corolles, tantôt poursuivant au vol un diptère ou un autre insecte. Il est très-difficile d'approcher cette fauvette à portée de fusil, car dès qu'elle se voit poursuivie, elle s'enfonce dans un buisson, le traverse et va se mettre un peu plus loin sur un autre où l'on entend bientôt sa voix mélodieuse.

La nidification a lieu dans les broussailles. Le nid, légèrement construit à l'aide de brins d'herbe, est tapissé intérieurement de crin et parfois de quelques plumes; on y trouve généralement quatre à cinq œufs.

Comme nous n'avons jamais eu l'occasion de voir cet oiseau dans sa patrie et à l'état de liberté, il nous est difficile de pouvoir dire quelque chose de positif sur son identité. Cependant, à en juger par les individus préparés que nous avons sous les yeux, nous croyons que la *Sylvia sarda* n'est qu'une variété climatique de la *S. curruca*.

Fauvette de Provence,

1. Mâle, 2. Femelle

FAUVETTE DE PROVENCE.

SYLVIA PROVINCIALIS, TEMM.

PROVENCE WARBLER. — PROVENCER GRASMÜCKE.

Temm., t. I, p. 211. — Degl., t. I, p. 544. — Gould, t. II, pl. 129. — Meyer, Vögelk., t. III, p. 93. — Malh., Faune de Sicile, p. 81. — v. d. Mühle, Ornith. Griechenl., n° 151. — Malh., Ois. d'Algérie, p. 11. — Motacilla provincialis, Gmel. — M. undata, Bodd. — Sylvia Dartfordiensis, Lath. — S. undata, Gray. — S. ferruginea, Vieill. — Melizophilus provincialis, Jenys. — M. Dartfordiensis, Leach. — Pyrophtalma provincialis, Bonap.

Cette espèce se trouve principalement dans le midi de la France, en Espagne, en Italie, en Grèce, mais plus rarement en Angleterre.

La fauvette de Provence recherche de préférence les endroits arides, couverts de bruyères et de genêts, ainsi que les landes où les ajoncs sont très-abondants; elle est très-agile, pétulante et tient toujours la queue relevée dans ses différentes évolutions. Cet oiseau ne s'élève qu'à peu d'élévation du sol et par soubresauts; il se tient la plupart du temps caché dans les broussailles ou entre des arbustes.

Sa nourriture consiste principalement en baies, ainsi qu'en différentes espèces d'insectes.

Cet oiseau niche dans la plus grande épaisseur des broussailles et très-près de la terre. Le nid artistement construit, est cupuliforme; il est composé de brins d'herbe secs et très-proprement bourré à l'intérieur d'un peu de laine et de crin; il contient quatre à cinq œufs.

Hippolaïs pâle.

HIPPOLAIS PALE

HIPPOLAIS PALLIDA, EHRENB.

PALE WARBLER. — BLASS SPOTTSÄNGER.

Degl., t. I, p. 565. — Schleg., Rev., p. XXIV. — Naumannia, 1858, p. 264. — Salicaria elacica Lind. — Ficedula ambigua, Schleg. — Hippolais Preglii, Franc.

On trouve cet oiseau en Grèce et en Dalmatie; il est commun en Afrique, principalement en Egypte.

D'après la structure du bec, cette espèce se rapproche beaucoup de l'*Hippolais Salicaria.*

Le mâle a un chant très-sonore et strident; il le fait entendre de grand matin jusqu'à bien avant dans la soirée. Son naturel est remuant et très-leste; le moindre bruit le fait fuir sur un autre arbre, mais il ne tarde cependant pas à retourner sur celui qu'il avait occupé en premier lieu.

Il se nourrit, comme les autres oiseaux de son genre, de mouches, de cousins et autres insectes et de leurs larves; il prend même des vermisseaux et des chenilles.

La nidification commence vers le milieu du mois de mai. Le nid est ordinairement construit avec beaucoup d'art sur un olivier; il est composé de radicelles, de fibres d'écorce et le tout est maintenu à l'aide de la partie soyeuse des chardons, ce qui donne à ce nid un aspect feutré, d'autant plus qu'il est encore arrondi et lissé extérieurement avec des toiles d'araignées. La ponte qui est de quatre à cinq œufs, se fait vers la fin de mai ou dans les premiers jours de juin.

Hippolaïs des oliviers.

HIPPOLAIS DES OLIVIERS.

HIPPOLAIS OLIVETORUM, GERBE.

OLIVE WOOD WARBLER. — OLIVEN SPOTTVOGEL.

Temm., t. IV, p. 611. — Degl., t. 1, p. 563. — Gould, BIRDS OF EUR., t. II, pl. 109. — Bree, BIRDS OF EUR. NOT OBS. IN THE BRIT. ISLES, t. II, p. 49. — V. d. Mühle, ORNITH. GRIECHENL., p. 65, n° 135. — Sylvia olivetorum, Strickl. — Calamoherpe olivetorum et Chloropeta olivetorum, Bonap. — Salicaria olivetorum, Keys. et Blas.

Sans être rare, cet oiseau n'habite cependant, en Europe, que les plantations d'oliviers de la Grèce, où il arrive vers la fin d'avril ou au commencement de mai ; il quitte ce pays dans les premiers jours du mois d'août.

Cette espèce ne se tient, pour ainsi dire, que sur les oliviers ; elle est très-farouche et il est difficile de l'abattre. M. le comte von der Mühle, dont le séjour en Grèce a permis d'étudier les mœurs de ce petit oiseau, dit qu'il est vif, tracassier et qu'il se plaît à becqueter les autres oiseaux avec autant de méchanceté que son congénère l'Hippolais contrefaisant. Il voltige constamment entre la cime des arbres et évite avec le plus grand soin les lieux aquatiques pourvus de roseaux et de buissons.

La nidification se fait sur les oliviers. Le nid, solidement fixé dans la bifurcation d'une branche, est formé d'herbe et de duvet de chardon ; l'intérieur est bourré de toiles d'araignées, de fines radicelles et de crin. Ce nid, très-élégant, contient trois ou quatre œufs que la femelle dépose à la fin de mai ou au commencement de juin.

Hippolaïs ambigu.

HIPPOLAIS AMBIGU.

HIPPOLAIS ELAEICA, GERBE.

OLIVACEOUS WARBLER. — OELBAUM SPOTTVOGEL.

Linderm., Isis, 1843, p. 242. — Gerbe, Rev. zool., 1844, p. 440, et 1846, p. 434. — Degl., Orn. eur., p. 563. — Schleg , Rev. crit., p. 33, nº 50. — Bree, Birds of Eur., t. II, p. 54. — *Salicaria elaeica*, Linderm. — *Sylvia elaeica*, v. d. Müh. — *Ficedula ambigua*, Schleg.

Cet oiseau habite principalement la Grèce et l'Algérie, où il se tient dans les vergers d'oliviers. Il a beaucoup de ressemblance avec l'*H. olivetorum*, tant sous le rapport du plumage que sous celui des mœurs et de la propagation. Il en diffère par la couleur, qui est plus pâle, et par la taille qui est un peu plus petite (1). Ce dernier caractère ne peut cependant pas être pris en considération, car l'oiseau qui habite l'Algérie et qui est identique à celui de la Grèce, est pourtant un peu plus fort que celui de ce dernier pays. Aussi, suis-je fort porté à croire que cet oiseau n'est qu'une variété climatérique de l'*H. olivetorum*.

De même que ce dernier, l'hippolais ambigu ne se tient qu'au sommet des oliviers, entre les branches desquels il voltige avec dextérité. Son chant est mélodieux et ressemble assez bien à celui de l'*H. salicaria*.

La nidification a lieu au milieu de mai. Le nid est, dit-on, plus petit et moins artistement construit que celui de l'*H. olivetorum,* bien qu'il soit formé des mêmes matériaux. La ponte est de quatre à cinq œufs, d'un gris-blanc teinté de rose, avec des taches violacées et des points noirs et bruns.

(1) L'*H. elaeica* a environ 3 cent. de moins que l'*H olivetorum*.

Genre Sylvicole. — Sylvicola, Swains.

SYLVICOLE A GORGE NOIRE.

SYLVICOLA ATRIGULARIS, DUBOIS.

BLACK-THROATED WARBLER. — SCHWARZKEHLIGE SYLVICOLE.

Wils., Am. Ornith., t. II., p. 137, fig. 3. — Bree, Birds of Eur., t. II, p. 64. — Gät., Naumannia, 1859, p. 425. — Motacilla virens, Gmel. — Sylvia virens, Lath. — Sylvicola virens, Swains.

Cette espèce habite la Terre-Neuve, le Labrador et les États-Unis; c'est un oiseau de passage qui se montre chaque année vers la fin d'avril en Pensylvanie. M. Gätke constata le premier sa présence en Europe sur l'île Helgoland, le 19 octobre 1858; il n'en sut prendre malheureusement qu'un seul individu. Il est donc probable que cette sylvicole parvient quelquefois, à de longs intervalles, sur le sol européen.

Cet oiseau habite, dans sa patrie, les bois les plus solitaires et particulièrement ceux où croissent beaucoup de genévriers de Virginie; il se repose habituellement sur les sommets des arbres les plus élevés. Il est d'un naturel gai et remuant, et fait souvent entendre son chant, qui est agréable mais assez monotone.

M. Nuttal trouva le nid de cette espèce dans un buisson, près de Milton. Ce nid, cupuliforme, était formé de fibres d'écorces de genévriers et de divers autres végétaux; l'intérieur, tapissé de plumes, contenait trois œufs. La ponte est cependant quelquefois aussi de cinq œufs.

Agrobate rubigineux.

Genre Agrobate. — Agrobates.

AGROBATE RUBIGINEUX.

AGROBATES RUBIGINOSUS, DUBOIS.

RUBIGINOUS WARBLER. — ROSTROTHE BAUMSÄNGER.

Temm., t. I, p. 182 et t. III, p. 129. — Degl., t. I, p. 567. — Gould, t. III, pl. 112. — Mey. et Wolf., TASCHEB. DER VG. DEUTSCHL., t. III, p. 66. — TURDUS RUBIGINOSUS, Mey. et Wolf. — SYLVIA RUBIGINOSA, Schinz.— S. GALACTODES, Temm — S. FAMILIARIS, Henet. — SALICARIA GALACTODES, Keys. et Blas. — ÆDON GALACTODES, Boie. — AGROBATES GALACTODES, Bonap.

Cet oiseau habite l'Égypte et il est commun dans les pays avoisinant Tunis et Alger. A l'approche du printemps, il émigre en Europe et il se trouve, vers cette époque, en assez grand nombre en Portugal et en Espagne, où M. A. Brehm le rencontra souvent près de Jativa de San Felipe et près de Murcia. D'après M. le Dr Apetz, il ne serait pas rare en Andalousie, mais il est plus rare au sud de l'Italie.

L'agrobate rubigineux se tient habituellement dans les districts secs et élevés, sur les figuiers, les caroubiers, les oliviers, les cyprès et entre les broussailles de cactus; il paraît cependant préférer les vignobles à toute autre végétation. Cette espèce est très-farouche et prudente. On la voit souvent courir à terre en hochant la queue, et si on la chasse, elle ne tarde pas à revenir au même endroit après avoir été se cacher, à une grande distance, dans le feuillage d'un arbre touffu. Lorsque cet oiseau fait entendre son chant, qui est très-agréable et longtemps soutenu, il se place ordinairement sur la cime d'un arbre.

Sa nourriture se compose de larves, d'insectes, de vers et probablement aussi de baies.

Cet agrobate niche entre des broussailles; le nid, qui est assez vaste, est formé de brins d'herbe et de mousse; l'intérieur est bourré de laine et contient quatre à cinq œufs.

Agrobate familier

AGROBATE FAMILIER.

AGROBATES FAMILIARIS, BREHM.

FAMILIAR WARBLER. — FAMILIER BAUMSÄNGER.

Naum., t. XIII, pl. 367. — Ménétr., Cat. rais., p. 32. — v. d. Mühle, Ornith. Griechenl, n° 138. — Sylvia familiaris, Ménét. — S. galactodes, Temm. — Salicaria familiaris, Schleg. — Ædon familiaris, Brehm.

La patrie de cet oiseau sont les contrées du Caucase, et principalement celle qui longent le Kour; on le voit aussi en Géorgie, en Asie Mineure, sur les îles de l'Archipel et en Grèce où il est en assez grand nombre. M. le comte von der Mühle vit arriver pour la première fois, dans ce dernier pays, vers le milieu d'avril, des mâles de cette espèce, et une semaine plus tard il constata la présence des femelles. On prit aussi quelques individus de cette espèce sur l'île Helgoland. Les deux sexes ne diffèrent pas par le plumage.

Cet oiseau, essentiellement asiatique, a été séparé de l'*Agrobates rubiginosus*, parce que son bec est un peu plus fort et que les taches de la queue sont plus grandes que chez ce dernier. Ces caractères ne sont pas du tout stables, et si l'on place entre ces deux oiseaux l'*A. galactodes*, on s'aperçoit aisément que ces deux derniers ne sont que des légères variations de l'*A. rubiginosus*.

Nous croyons du reste inutile de figurer l'*A. galactodes*, parce qu'il n'est qu'un intermédiaire peu sensible des deux autres. Quant au plumage, il est généralement sujet à varier selon le climat, et d'après nous, l'*A. rubiginosus* peut seul être considéré comme une espèce distincte.

Rousserolle à moustaches noires.

ROUSSEROLLE A MOUSTACHES NOIRES.

CALAMOHERPE MELANOPOGON, BONAP.

MOUSTACHED WARBLER. — SCHWARZBÄRTIGER ROHRSÄNGER.

Temm., t. III, p. 124. — Degl., t. I, p. 81. — Brée, t. II, p. 83. — SYLVIA MELANOPOGON, Temm. — SALICARIA MELANOPOGON, Keys. et Blas. — CETTIA MELANOPOGON, Gerb. — CARICICOLA MELANOPOGON, Br. — LUSCINIOLA MELANOPOGON, Brehm. — CALAMODYTA MELANOPOGON, Bonap.

On trouve généralement ce rousserolle en Turquie, en Grèce, en Dalmatie, en Croatie, en Hongrie, en Espagne, dans le midi de la France et dans toute l'Italie où il est très-commun sur les marais Pontins. Il se tient, généralement sur les lacs, les grands étangs et les cours d'eau, particulièrement sur ceux qui sont bien pourvus d'aunes, de saules, de roseaux et de broussailles, dans lesquels cet oiseau aime à se cacher.

Ce rousserolle fait entendre son chant pendant toute la journée, mais il se place alors sur la branche d'un saule ou d'un autre végétal, afin d'être plus ou moins à découvert. Il se met aussi sur des feuilles de plantes aquatiques, telles que celles du nénuphar, et il sautille de l'une sur l'autre pour chercher des insectes; d'autrefois il grimpe le long des roseaux dans le même but.

D'après ce que nous venons de dire des mœurs de cet oiseau, il n'est, à n'en pas douter, qu'une variété climatique du *C. phragmitis*, avec lequel il a une grande ressemblance. Le nid et les œufs ne diffèrent pas non plus de ceux de ce dernier.

Rousserolle bellé

ROUSSEROLLE BOTTÉ.

CALAMOHERPE CALIGATA, DEGLAND.

BOOTED REED WARBLER. — GESTIEFELTER ROHRSÄNGER.

Pall. Zoogr., t. I, p. 492, n° 127. — Degl., t I, p. 56. — Schleg., Revue, p. XXX. — Bree, Birds of Eur. not obs. in the Brit. isles. t II., p. 76. — Motacilla salicaria, Pall. — Sylvia caligata, Lichtenst. — Lusciola caligata, Keys, et Blas.— Salicaria caligata, Schleg.

Ce rousserolle a été trouvé par Pallas en Sibérie et dans le midi de la Russie. près du Volga et de la mer Caspienne. Il se montre également sur les bancs des rivières des monts Ourals et en Grèce. En été, il se dirige vers le nord, aussi loin qu'il trouve des broussailles.

Ce gentil petit oiseau vit près des fleuves et des rivières riches en végétaux aquatiques et arborescents, tels que saules, peupliers, roseaux, etc.; il se suspend aux branches avec agilité et il est rare qu'il reste un instant tranquille, car il est constamment occupé à chercher des larves, des insectes et des vers dont il fait sa principale nourriture.

Le chant de ce rousserolle est très-agréable; il le fait entendre sans cesse pendant ses joyeux ébats.

Le nid est soigneusement caché dans le touffu des broussailles, non loin de l'eau. Il est formé de brins d'herbe et de fibres végétales entremêlés de laine; ces mêmes substances servent à l'oiseau pour fixer solidement le nid dans la bifurcation d'une branche. La femelle dépose quatre à cinq œufs

Rousserolle cysticole.

ROUSSEROLLE CYSTICOLE.

CALAMOHERPE CYSTICOLA, DUBOIS.

CYSTICOL WARBLER. — CISTEN ROHRSÄNGER.

Temm., t. I, p. 280. — Degl., t. I, p. 594. — Gould, Birds of Eur., t. II, pl. 115. — Bree, Birds of Eur., not obs. in the Brit. isles, t. II, p. 88. — Savi, Ornith. Tosc., t. I, p. 280. — Malh., Faune ornith. de la Sic., p. 75. — v. d. Mühle, Ornith. Griechenl., p. 67, nº 139. — Sylvia cysticola, Temm. — Cysticola Schœnicola, Bonap. — Salicaria cysticola, Keys. et Blas. — Drymoica cysticola, Swains.

Cet oiseau habite les contrées méridionales de l'Europe, notamment les endroits marécageux. On le rencontre principalement dans les États de l'Église, en Toscane, en Sardaigne, en Sicile et en Grèce. D'après M. Malherbe, il se répand en hiver dans tous les jardins des environs de Palerme et de Messine. Le même naturaliste dit avoir observé cette espèce près de Syracuse et aux environs de Catane, où elle niche. On rencontre également cet oiseau en France, sur les bords du Var et dans les plaines marécageuses de la Camargue. Il est aussi très-répandu en Égypte, en Nubie et en Algérie.

Ce rousserolle se plaît à voltiger en frétillant au-dessus des champs de céréales, tout en faisant entendre sa voix forte et sonore, ressemblant à *spia spia* ou *zi zi zi*. Il s'élève parfois à une grande hauteur en décrivant des courbes et en répétant son cri. On le voit souvent près des lacs et des étangs, voler d'un roseau à l'autre pour s'y balancer gracieusement en remuant la queue.

Ce gentil petit oiseau construit son nid dans un buisson, à l'aide de feuilles de roseau (*Phragmites communis*) réunies et enveloppées partiellement avec des fibres végétales et des toiles d'araignées; ce nid, très-artistement fait, a plus ou moins l'aspect d'une bourse. Il contient quatre à six œufs.

Bouscarle Cetti.

ROUSSEROLLE CETTI.

CALAMOHERPE CETTI, BOIE.

CETTI'S WARBLER. — CETTI'S ROHRSÄNGER.

Temm., t. I, p. 194. — Gould, t. II, pl. 114. — Degl., t. I, p. 578. — Bree, BIRDS OF EUR., t. II, p. 93. — Savi, ORNITH. TOSCANA, t. I, p. 273. — v. d. Mühle, ORNITH. GRIECHENL., n° 141. — SYLVIA CETTI, De la Marm. — S. SERICEA, Natt. — S. PLATURA et S. FULVESCENS, Vieill. — CETTIA ALTISONANS et C. SERICEA, Bonap. — C. CETTI, Degl. — SALICARIA CETTI, Sweins.

Ce rousserolle habite l'Égypte, le Caucase, la Turquie, la Grèce, le Portugal, l'Espagne, l'Italie et le midi de la France, particulièrement la Provence.

Les endroits favoris de cet oiseau sont les bords des cours d'eau, les étangs, les marais, ainsi que les prairies humides riches en végétation On le voit souvent sautiller d'un roseau à l'autre ou grimper jusqu'à leur sommet pour examiner si rien ne le menace, car il est très-timide et fuit au moindre danger. Il parcourt alors une certaine distance entre les roseaux ou les broussailles pour ne pas être aperçu et va prendre son vol plus loin.

Le chant du rousserolle cetti est doux, éclatant, mais très-peu varié; il le fait entendre presque toute la journée. Son cri d'appel est *tchifut tchifut*.

La nourriture de ce rousserolle consiste en insectes aquatiques, en petites chenilles, en larves et en vers.

Cet oiseau niche très-bas dans les broussailles qui bordent les étangs et les marais, ou parmi les roseaux. Son nid est assez artistement construit à l'aide de tiges et de feuilles de graminées, l'intérieur est tapissé avec de la laine et du duvet de plantes, quelquefois aussi avec un peu de crin; il contient le plus souvent quatre à cinq œufs.

Rousserolle Corthiole

ROUSSEROLLE CERTHIOLE.

CALAMOHERPE CERTHIOLA, BOIE.

CERTHIOL WARBLER. — CERTHIOL ROHRSÄNGER.

Pall. Zoog., t. I. p. 509, nº 141. — Temm., t. I, p. 186. — Bree, Birds of Eur., not obs. in the Brit. isles. t. II, p. 101. — Mey. Deuts. Vögelkunde, t. III, p. 83. — Turdus certhiola et Motacilla certhiola, Pal. — Sylvia certhiola, Tem.

Cette espèce habite la Sibérie, où elle est assez commune près du lac de Baikal. M le Dr Middendorf en tua deux individus, au commencement de juillet, près de l'embouchure de l'Uda, dans la mer d'Okhotsk. Ce rousserolle se montre également dans le midi de la Russie et en Crimée; M. Gätke l'observa sur l'île Helgoland.

Cet oiseau se tient généralement dans les broussailles, et de préférence dans celles formées de saules; on le voit parfois aussi dans les clairières des bois. Ses mœurs diffèrent peu de celles de ses congénères. Il chante assidûment, mais presque toujours le matin et après le coucher du soleil jusque bien avant dans la nuit. Son chant est assez monotone et se prononce à peu près comme *dak, dak, dak, zewi, zewi, zewi, zewi;* les dernières syllabes se confondent généralement et deviennent de moins en moins distinctes. L'oiseau fait encore entendre son chant au moment où il s'élève dans les airs, pour le terminer dès qu'il s'est perché sur une branche.

Le rousserolle certhiole niche entre les roseaux ou dans les broussailles de saules ou d'autres végétaux croissant au bord de l'eau. Le nid est cupuliforme et se compose de brins d'herbe secs; l'intérieur est bourré de duvet végétal ou animal. La ponte est de trois à quatre œufs.

Mésange Sibérienne.

MÉSANGE SIBÉRIENNE.

PARUS SIBIRICA, GMEL.

SIBERIAN TIT. — SIBIRISCHE MEISE.

Temm., t. I, p. 294. — Gould., t. III, pl. 151, fig. 2. — Degl., t. I, p. 294. — Brée, t. III, p. 6. — PARUS FRIGORIS et P. BOREALIS, Sél. — P. FRUTICETI, Wallengr. — P. ALPESTRIS, Bailly. — PAECILA SIBIRICA, P. FRIGORIS et P. BOREALIS, Bonap.

En commençant notre publication, nous nous étions proposé de figurer toutes les espèces européennes et même celles qui ne sont réellement que des variétés. Mais, craignant de donner une trop grande extension à notre ouvrage en persévérant dans cette voie, c'est-à-dire en donnant toutes ces variétés si peu distinctes qui ont été spécifiées par quelques naturalistes modernes, nous nous bornerons désormais à ne donner que les variétés climatiques qui offrent le plus d'intérêt.

Parmi les différentes variations du *Parus palustris*, nous ne figurerons que le *P. sibirica,* propre à la Sibérie et au nord de la Russie, de la Suède et de la Norwége.

Quant aux *Parus borealis, P. frigoris* et *P. alpestris*, on ne peut les considérer comme de véritables variétés climatiques, car leurs caractères distinctifs ne restent pas même stables dans leur propre patrie. Ainsi, les différences qui résident dans la queue, le noir plus ou moins étendu de la tête et de la gorge, etc., ne forment de limites bien tranchées chez aucune de ces mésanges, qui finissent toutes par des gradations insensibles à se réunir à l'espèce type. Pour ce qui concerne les différences dans les mœurs et dans la voix, que plusieurs ornithologistes ont assignées à ces variétés, nous devons dire qu'elles n'ont aucune raison d'être, et qu'elles n'ont été indiquées que par des hommes qui n'ont jamais observé les mésanges. Tout observateur un peu expérimenté sait d'ailleurs fort bien qu'on rencontre souvent des *P. palustris* dont la voix est sujette à quelques variations. Le *P. palustris* va, de même que ses variétés, dans les forêts de conifères, aussi bien chez nous que dans le Nord. On doit donc admettre les *P. borealis, frigoris, fruticeti* et *alpestris* dans la synonymie de l'espèce typique.

Mésange lugubre

MÉSANGE LUGUBRE.

PARUS LUGUBRIS, NATHERER.

SOMBRE TIT. — TRAUER MEISE.

Temm., t. I, p. 293. — Degl., t. I. p. 295. — Naum., t. XIII. pl. 379. — Gould, t. III, pl. 131. — Bree, Birds of Eur., vol. III, p. 1. — v. d. Mühle, Ornith. Griechenl., nº 94. — Poecilla lugubris, Bonap. — P. lugens, Brehm.

Cette mésange habite le sud de l'Europe, particulièrement la Grèce, la Turquie, la Dalmatie et la Sardaigne. D'après le comte von der Mühle, cet oiseau arrive dans la Morée vers la fin d'avril ou le commencement de mai.

La mésange lugubre vit solitaire dans les vallées, sur les arbrisseaux, tels que les pruniers sauvages et les arbres fruitiers; son cri d'appel ressemble à *zi ziterrerr*. Chaque couple se tient dans une certaine localité qu'il n'abandonne que rarement; le mâle et la femelle cherchent ensemble, plusieurs fois par jour, leur nourriture sur les arbres; celle-ci se compose de larves, d'insectes et de leurs œufs.

Cet oiseau n'est pas du tout sociable et son naturel très-farouche lui fait fuir de loin l'approche de l'homme; s'il s'aperçoit qu'il est poursuivi, il n'est presque plus possible de l'approcher à portée de fusil. Il paraît que cet oiseau émigre très-tôt, car le comte von der Mühle n'en vit déjà plus en Morée au mois de septembre.

Le nid de cette mésange est placé dans le trou d'un arbre, sa forme est celle d'une soucoupe aplatie; il est formé de brins d'herbe et de mousse, puis vient une épaisse couche de pellicules de graines et de matières végétales laineuses, particulièrement celle provenant des graines des épilobes. Cette couche sert de litière aux six ou huit œufs que contient le nid.

Mésange azurée.

MÉSANGE AZURÉE.

PARUS CYANUS, PALL.

ASURE TIT. — LASUR ABEISE.

Temm., t. I, p. 295. — Degl., t. I, p. 287. — Naum., t. IV, pl. 95. — Gould, t. III, p. 153. — Bree, Birds of Eur., t. III, p. 10. — Parus cyaneus, Falck. — P. cæruleus major, Briss. — P. saebyensis, Sparm.

Cette mésange est fort répandue dans toute la Sibérie, particulièrement dans le voisinage du Volga; on l'a également observée en Russie, en Laponie, en Suède et même en Saxe, en Silésie et en Autriche.

La mésange azurée habite les endroits humides et marécageux des bois; elle se repose de préférence sur les saules, qu'elle sait même reconnaître en hiver, lorsqu'ils sont dépouillés de leur feuillage. C'est un oiseau très-sociable, qu'il n'est pas rare de rencontrer en compagnie d'autres espèces du même genre.

Pendant qu'elle cherche des insectes, des papillons, des larves et des œufs d'araignées qui lui servent de nourriture, elle fait souvent entendre sa voix sonnante, en redressant les plumes de la tête en forme de huppe.

Cet oiseau niche dans le trou d'un arbre; le nid, construit sans art à l'aide de mousse, est bourré intérieurement de poils; il contient généralement cinq à dix œufs.

Égithale pendulin.

ÉGITHALE PENDULIN.

ÆGITHALUS PENDULINUS, BOIE.

PENDULINE TITMOUSE. — BEUTEL MEISE.

Temm. t. I, p. 300. — Gould, t. II, pl. 139. — Naum., t. IV, pl. 113. — Degl., t. I, p. 301. — Thien., pl. IX, fig. 8. — Malh., FAUNE DE SICILE, p. 114. — v. d. Mühle, ORNITH. GRIECHENLANDS, n° 88. — PARUS PENDULINUS, Lin. — P. POLONICUS, Briss. — P. NARBONENSIS, Gmel. — XANTHORNUS PENDULINUS, Pal. — PENDULINUS MEDIUS et P. MACRURUS, Brehm. — ÆGITHALUS MEDIUS et Æ. MACRURUS, Brehm.

On trouve cet oiseau dans plusieurs contrées de l'Allemagne, dans le midi de la France, dans le nord de l'Italie, et on le rencontre surtout en Hongrie, où il est assez répandu, mais il est plus commun en Pologne, en Grèce, en Russie et dans la Sibérie tempérée. On voit cette espèce en grand nombre près des cours d'eau abondamment pourvus de saules, d'aunes et de roseaux, tels que le Volga et l'Irtisch, ainsi que près des lacs et des grands étangs.

Les égithales pendulins émigrent en automne des contrées du Nord vers des régions plus tempérées. Ils sont rapides dans leurs mouvements et d'un caractère très-sociable; leur voix est peu caractérisée comme chez tous les individus de cette famille.

La nourriture de ces oiseaux consiste en insectes aquatiques, en larves et en différentes espèces de graines.

Ces oiseaux commencent en mai la nidification et font leur nid sur des peupliers, des saules, ou entre des roseaux; ce nid, très-artistement construit, est composé de la partie cotonneuse qui garnissent les graines de saule, ainsi que des aigrettes des graines de chardons et d'autres plantes analogues; ils emploient aussi parfois de la laine de mouton. Par l'emploi et l'agencement des matières que nous venons de citer, ce nid est formé d'une espèce de tissu feutré très-solide; son aspect est bursiforme et il est muni d'une petite ouverture placée sur le côté. Il se trouve souvent suspendu à une ou plusieurs branches au moyen de brins d'herbe et de fibres végétales, en sorte qu'il se balance dans l'espace au gré des vents. On y trouve de cinq à sept œufs.

Roitelet calendule.

ROITELET CALENDULE.

REGULUS CALENDULA, LICHTENSTEIN.

RUBY-CROWNED REGULUS. — RUBINKÖPFIGE GOLDHÄNCHEN.

Bree, BIRDS OF EUR. NOT OBS. OF THE BRIT. ISLES, t. II, p. 108. — Wils., AM. ORNITH., t. I, pl. 3. — Vieill., OIS. AM, pl. 104. — Buff., t. V, pl. 373. — Motacilla calendula, Lin. — Sylvia calendula, Nutt. — Phyllobasileus calendula, Cab. — Regulus rubineus, Vieill.

Cet oiseau est considéré en Amérique comme une espèce voyageuse. On le trouve en Louisiane et dans les autres États voisins jusqu'au Labrador; près de Charlestown, il est quelquefois très-commun; on l'a aussi trouvé en Kentucky, pendant l'hiver, et le plus souvent en compagnie d'autres espèces voisines. Il a été pris à plusieurs reprises dans les îles écossaises; M. le docteur Dewar en a tué un individu en 1852 dans la forêt de Kenmore, sur les bords du lac Lomond; la même année, un autre fut tué dans le bois de Brandspeth, par un charbonnier de Durham.

La nourriture de ce petit oiseau se compose essentiellement d'insectes et de larves.

Ce roitelet émigre pendant le jour en volant de buisson en buisson. On distingue aisément, paraît-il, les adultes des jeunes, sans les voir de près, parce que les premiers ne se tiennent pour ainsi dire que sur les arbres, tandis que les jeunes ne vivent que sur les buissons.

Le chant de cette espèce, plein et sonore, est plus agréable que celui du canari. On ne connaît que fort peu de chose sur ses mœurs, et son nid est entièrement inconnu. Audubon dit avoir observé cet oiseau dans des endroits où il devait indubitablement avoir son nid, mais qu'il ne l'a jamais trouvé. Le Labrador paraît être le véritable pays de la nidification, car le roitelet calendule y arrive vers la fin de mars ou le commencement d'avril et y séjourne jusqu'en octobre.

Phylloscope de Pallas.

Genre Phylloscope. — Phylloscopus, Blyth.

PHYLLOSCOPE DE PALLAS.

PHYLLOSCOPUS PALLASII, DUBOIS.

PALLASSCHI'S REGULUS. — PALLASSCHIS LAUBHÄNCHEN.

Temm., t. IV, p. 619. — Degl., t. I, p. 307. — Gould., t. III, pl. 149. — Naum., t. XIII. — MOTACILLA PROREGULUS, Pall. — REGULUS MODESTUS, Gould. — R. PROREGULUS, Keys. et Blas.

Ce phylloscope, très-voisin du genre roitelet, fut observé pour la première fois en Daourie par Pallas, et c'est M. Gould qui, le premier, l'admit dans les oiseaux de l'Europe; il en a donné une figure d'après un individu tué en Dalmatie. Plus tard, on en prit dans différentes parties de l'Allemagne et même dans les environs de Berlin; M. Gaetke dit le voir chaque année à l'île Helgoland. En Grande-Bretagne, on en a tué sur les côtes du Northumberland, et, d'après M. Blyth, cette espèce ne serait pas rare dans les environs de Calcutta. C'est en automne qu'il émigre en Europe, mais sa petite taille l'empêche souvent d'être aperçu.

Les mouvements et les habitudes de cet oiseau sont analogues à ceux du roitelet; il vole, sans faire entendre le moindre son de sa voix, à travers les broussailles et les branches d'arbres, pour prendre les insectes et les larves qui lui servent de nourriture. A Helgoland, on lui fait la chasse au moyen de la sarbacane.

D'après M. Blyth, le nid de cet oiseau se trouve entre les branches du sommet des arbres; fixé dans toute sa longueur à une branche, il est voûté et possède deux ouvertures. Ce nid, composé de fibres végétales très-fines, est orné à l'extérieur d'un peu de mousse et de lichens; il contient cinq à huit œufs.

130.

Hoche-queue deuil.

HOCHE-QUEUE DEUIL.

MOTACILLA LUGENS, LICHT.

SOMBRE WAGTAIL. — TRAUER BACHSTELZE.

Pall., Faun. Ross. — Sieb., Faun. Japon., XXV. — Gould., t. II, pl. 142. — Bree, Birds of Eur., t. II, p. 151. — Kittl., pl. 21. — Motacilla lugubris, Temm. — M. albeola, Pall. — M. leucoptera, Vig. — M. alba, var. lugens, Mid.

Ce hoche-queue habite la Sibérie et le Kamtschatka où il est, pendant l'été, un des oiseaux les plus répandus; il arrive dans ces contrées en avril et il les abandonne dans les premiers jours d'octobre. On le trouve également au Japon, en Chine, et, lorsqu'il émigre, il visite la Crimée et la Hongrie.

D'après les observations faites par M. de Kittlitz, les mœurs de cet oiseau sont les mêmes que celles de notre hoche-queue gris, et son gazouillement serait semblable à celui de ce dernier. Le plumage des deux sexes n'offre aucune différence; mais en automne, les plumes sont remplacées par d'autres, et tous les oiseaux de la même espèce ont alors la gorge blanche limitée de noir et le dos d'un gris cendré. La couleur noire ne vient que bien insensiblement et elle n'est dans tout son éclat que peu de temps avant la mue.

Ce hoche-queue recherche les endroits montagneux du bord de la mer, mais seulement lorsque dans les environs, il existe de l'eau douce dont il ne dédaigne pas les rivages.

M. de Kittlitz trouva un nid penché au-dessus de l'eau et fixé dans l'herbe, mais il ne dit pas de quoi il était composé; ce nid contenait cinq jeunes.

Le *Motacilla Yarellii* ou *lugubris*, que nous avons figuré et décrit dans les *Oiseaux de la Belgique*, pl. 99, doit être considéré comme une variété du *M. cinerea*. Le *M. lugens* se distingue de ces derniers par sa plus forte taille ainsi que par sa queue qui est plus longue.

Hoche-queue citrine.

1. Mâle. 2. Femelle.

HOCHE-QUEUE CITRINE.

MOTACILLA CITREOLA, PALLAS.

CITRIL WAGTAIL. — CITRON BACHSTELZE.

Temm., t. I, p. 239 et t. IV, p. 180. — Pall., Zoogr rosso-as, t. I, p. 503. — Middend., Sib. Reise, t. II, p. 163. — Meyer et Wolf., Tascheb. der Vg. Deutschl., t. III, p. 78. — Gould, t. II, pl. 144. — Naum, t. XIII, pl. 377. — Naumannia, 1858, p. 425. — Budytes citreola, Bonap. — Motacilla sceltobriaschka, Lepechin.

Ce hoche-queue habite la Sibérie jusqu'au Kamtchatka ; Pallas dit en avoir pris près des monts Ourals. M. le Dr Eversmann en reçut des environs de Boukhara, et d'après M. Degland, il aurait été tué en Ligurie, en 1821, et le professeur Calvi l'aurait adopté au nombre des oiseaux de la Catalogne. On l'a également observé dans le sud de la Russie, ainsi qu'à l'île Helgoland, où M. Gätke en tua deux exemplaires ; on peut donc sans crainte l'adopter parmi les oiseaux de l'Europe.

Cette espèce vit habituellement dans les prairies et dans les champs près des ruisseaux où l'herbe n'est pas trop haute. Lorsqu'elle cherche sa nourriture, qui consiste en vers, larves et insectes, elle sautille à droite et à gauche en remuant continuellement la queue.

La propagation de cette espèce rare est encore inconnue, mais nous espérons pouvoir donner quelques détails à ce sujet à la fin de notre publication.

D'après les planches du supplément de Naumann, cet oiseau a dans son jeune âge le dessus du dos gris avec les plumes de la queue plus foncées ; sur les ailes se trouvent deux bandes blanches étroites; le front et la partie ventrale sont d'un blanc jaunâtre. Nous ne connaissons pas le jeune de cet oiseau, car malgré toutes nos recherches, nous n'avons pu nous en procurer ; mais à en juger par la figure qu'en donnent les continuateurs de Naumann, le jeune ressemble beaucoup au jeune du hoche-queue gris (1).

(1) Toutes les planches qui représentent les hoche-queue dans le supplément de Naumann, sont en général tellement mal coloriées qu'il est impossible de les consulter avec fruit.

Pipi de Pensylvanie.

PIPI DE PENSYLVANIE.

ANTHUS PENSYLVANICUS, BRISS.

PENSYLVANIAN PIPIT. — PENSYLVANISCHER PIEPER.

Wils. AM. ORNITH., t. V, p. 89, pl. 42. — Rich. et Swains., FAUNA BOR. AM., t. II, p. 132. — Audub., BIRDS OF AM., t. III, p. 40, pl. 150. — NAUMANNIA, 1858. p. 419. — Flem., BRIT. AN., p. 79. — Macgil., MAN. BRIT. BIRDS, p. 169. — ALANDA RUFA, Wils. — A. RUBRA, Gmel. — A. LUDOVICIANA, Sat. — A. PENSYLVANICA, Briss. — ANTHUS LUDOVICIANUS, Lichst.

Ce pipi habite les contrées de l'Amérique du nord; on le trouve en Louisiane, en Pensylvanie, jusqu'aux régions polaires, où il n'est pas rare au Labrador, à la baie d'Hudson et même au Groenland. Sa présence sur notre continent a été longtemps contestée par plusieurs ornithologistes, mais le doute n'est plus possible depuis que cet oiseau a été tué en Grande-Bretagne, près d'Édimbourg, et que M. Gätke le reçut à l'île Helgoland. Il est donc positif que cette espèce se montre accidentellement en Europe, lors de ses migrations.

Le pipi de Pensylvanie émigre, par bandes nombreuses, à l'approche de la saison froide, vers les régions méridionales de l'Amérique du nord. Il vit dans les prairies, dans les lieux cultivés et sur les bords de la mer et des cours d'eau. Le mâle fait souvent entendre sa voix dans le voisinage du nid, tout en s'élevant parfois dans les airs, du haut desquels il s'abat ensuite presque perpendiculairement. Son chant est très-monotone et ressemble à *quivit, quivit, quivit,* continuellement répété.

Cette espèce se nourrit de mouches, de divers autres insectes, de larves et de vers.

Ce pipi ne niche que dans l'Amérique du nord. Le nid est placé à terre, sous des broussailles; il est formé à l'aide de brins d'herbe, de mousse, de feuilles mortes et l'intérieur est tapissé de fibres végétales, de crin ou de poils de divers animaux. Il contient cinq ou six œufs.

56

Certhialouette Dupont.

Genre Certhalouette. — Certhilauda, Bonap.

CERTHALOUETTE DUPONT.

CERTHILAUDA DUPONTI, BONAP.

DUPONT'S LARK. — DUPONT'S WÜSTENLERCHE.

Temm., t. III, p. 197. — Degl., t. I, p. 412. — Bree, Birds of Eur., t. II, p. 184. — Malh., Faune de Sicile, p. 106. — Roux, Ornith. prov., tab. 186. — Tristram, Ibis., vol. I, p. 427. — Alauda Dupontii, Vieill. — A. ferruginea, v. d. Mühle.

L'identité de cette espèce est restée longtemps douteuse, parce que la plupart des ornithologues l'ont décrite d'après Temminck, sans l'avoir même vue en nature ; cela a donné lieu à une foule d'opinions fort divergentes entre elles, que nous passerons sous silence. Ayant reçu et confronté attentivement plusieurs individus de cette espèce, nous avons été porté à conclure, après mûr examen, que cet oiseau est suffisamment caractérisé pour qu'on le considère comme une espèce parfaitement distincte. Nous en donnons, sur la planche ci-contre, une figure exacte, laquelle servira à confirmer d'une manière authentique ce que nous avançons à cet égard.

La certhalouette Dupont habite la Syrie, plusieurs parties de la Barbarie, les déserts du nord de l'Afrique, et vient parfois dans le midi de l'Espagne. M. Degland prétend en avoir vu plusieurs sujets sur les marchés de Marseille, mais cela est fort douteux, et il est même probable que cet ornithologue n'en a jamais eu en sa possession.

Cet oiseau, l'un des plus rares du Sahara, est solitaire, et ce n'est que rarement que deux ou trois individus se réunissent pour chercher leur nourriture, qui consiste en larves, en insectes coléoptères et autres.

Jusqu'à ce jour, les mœurs de cet oiseau sont encore peu connues. Il y a quelque temps, M. le capitaine Loche en a donné l'histoire naturelle; M. Tristram a traité le même sujet dans l'*Ibis*. M. Loche fut assez heureux de trouver, dans le grand désert, un nid de cette espèce qui contenait six œufs.

Corthalcuelle à double bande,

1. Adulte, 2. jeune.

CERTHALOUETTE A DOUBLE BANDE.

CERTHILAUDA BIFASCIATA, BONAP.

BIFASCIATED LARK. — ZWEIBINDIGE WÜSTENLERCHE.

Temm., t. III, p. 199. — Gould. t. III, pl. 168. — Degl., t. I, p. 411. — Bree, Birds of Eur., t. III, p. 179. — Thiene, pl. XXXVI. fig. 12. — Temm. et Laug., pl. col., 393. — Malh., Faune de Sicile, p. 107. — v. d. Mühle, Ornith. Griechenland's, p. 33. — Rüpp., Vg. N.-O. Afrika's. — Alauda desertorum, Stangley. — A. bifasciata, Lichst. — Alæmon desertorum, Certhilauda desertorum, Bonap.

Cet oiseau habite le nord de l'Afrique, les déserts occidentaux de l'Asie et vient parfois sur les cotes de la mer Rouge et en Grèce. Dans ses migrations, il va jusqu'à l'île de Candie et l'Andalousie, parfois même en Sicile et dans le midi de la France.

C'est un oiseau très-solitaire, et rarement, excepté dans la saison des amours, on en voit deux ensemble, ce qui n'empêche pas qu'il est assez commun dans le Sahara, car M. Tristram dit que pendant son voyage dans le grand désert, ce gibier formait sa principale nourriture animale. Cette espèce est d'un naturel très-remuant et s'attire ainsi l'attention du voyageur, qui la remarque surtout lorsqu'elle étend ses ailes blanches traversées d'une large bande noire. Le matin, cet oiseau s'élève à une grande hauteur en faisant entendre un chant insignifiant, puis il s'abat quelques instants après à la même place et y reste quelquefois encore longtemps à faire des sauts en s'accompagnant de son sifflement. Cette certhalouette est très-leste à la course; sa nourriture consiste en larves, en coléoptères et autres insectes.

Son nid est bâti dans le désert et forme une masse très-légèrement construite avec des brins d'herbe, des feuilles et d'autres matières végétales; l'intérieur est bourré de radicelles ou de poils. Ce nid, qui contient quatre ou cinq œufs, est placé dans une excavation.

Alouette isabelline.

ALOUETTE ISABELLINE.

ALAUDA ISABELLINA, TEMM.

ISABELLE LARK. — ISABELLFARBIGE LERCHE.

Temm., t. IV, p. 637. — Gould, t. III, pl. 208. — Degl., t. I, p. 405. — Bree, BIRDS OF EUR., t. III, p. 188. — Thiene, pl. XXXVI, fig. 6. — v. d. Mühle, ORNITH. GRIECHENLAND'S, n° 61. — Tristram, IBIS, v. I, p. 422. — Rüpp., VG. N.-O. AFRIKA'S, n° 507. — ANNOMANES ISABELLINA, Bonap. — PHILEREMOS ISABELLINA, Boie. — GALERIDA DESERTI, Bonc. — ALAUDA LUSITANIA, Gmel. — A. DESERTI, Lichst.

Cette alouette habite principalement les déserts de l'Afrique et les plateaux élevés de la haute Égypte, du Maroc, de l'Algérie et de l'Arabie pétrée; mais dans toutes ces contrées cette espèce est généralement en petit nombre. M. Tristram dit avoir trouvé des nids de cet oiseau dans le Sahara algérien et dans les solitudes de la Judée En Europe, on l'a observé en Grèce, au sud de l'Espagne et du Portugal ; elle vient probablement aussi dans le midi de l'Italie.

Son chant nous est inconnu, mais il est sans doute semblable à celui des autres alouettes.

La nourriture de cet oiseau se compose de différentes espèces d'insectes, de larves et d'araignées, mais seulement des insectes qui se tiennent à terre.

L'alouette isabelline niche dans une dépression de terrain, sous une touffe d'herbes. Le nid, qui est proprement fait et de forme plate, se compose principalement de radicelles et de feuilles de graminées, entremêlées parfois de terre, qui était probablement restée attachée aux racines; l'intérieur de ce nid est bourré de fibres végétales et contient quatre à cinq œufs.

Bruant oryzivore.

BRUANT ORYZIVORE.

EMBERIZA ORYZIVORA, LINNÉ.

RICE BUNTING. — REIS AMMER.

Wils. Am. Ornith., t. II, pl. 12. — Richards. et Swains., Fauna Bor. Am., p. 278. — Audub., t. IV, pl. 10, p. 211. — Prinz Max v. Wied, in Journ. für Ornith., 1858, p. 265. — Passerina oryzivora, Vieill. — Icterus agripennis, Bonap. — Dolichonyx oryzivorus, Swains.

Ce bruant habite l'Amérique du nord; on le trouve en Caroline, en Pensylvanie, en Floride et dans la Nouvelle-Bretagne. Il émigre en été, d'après Audubon, vers les lacs Champlain et Ontario, et remonte même le fleuve Saint-Laurent; on l'a aussi observé au Paraguay et une couple de fois en Grande-Bretagne.

Cet oiseau se montre peu farouche dans les États de l'Ohio et dans les prairies riches en saules qui bordent le Missouri, où il se laisse même approcher d'assez près; probablement que là on lui fait peu la chasse. Cette espèce vit par couples et se perche souvent sur les branches supérieures d'un buisson ou sur un roseau. Tout en sautillant dans l'herbe, le mâle étale la queue et les ailes et fait entendre son chant ou son cri d'appel; si on le poursuit, il s'élève en chantant comme le fait l'alouette.

Le bruant oryzivore se nourrit de céréales, de baies, d'insectes et principalement de riz sauvage, dans la saison où ce dernier mûrit.

A l'époque des amours, les mâles se querellent fort pour la possession des femelles ou pour la place de la nidification. En mai ou au commencement de juin, commence la construction du nid. Celui-ci est soigneusement caché à terre dans un enfoncement, aussi n'est-ce que par hasard qu'on le découvre. Il est légèrement construit à l'aide de brins d'herbe qui tiennent à peine ensemble. La ponte est de quatre à six œufs.

Bruant à tête noire,
1. Mâle 2. Femelle.

BRUANT A TÊTE NOIRE.

EMBERIZA MELANOCEPHALA, SCOPOLI.

BLACK-CAP BUNTING. — SCHWARZKÖPFIGER AMMER.

Temm., t. I, p. 303 — Gould, t. III, pl. 172. — Degl., t. I, p. 272. — Thien., FORTPF., p. XXXIII, fig. 3. — Savi, ORNITH. TOSCANA, t. II. p. 93. — Jaub. et Barth., RICHESSES ORNITH., p. 152. — v. d. Mühle, ORNITH. GRIECHENLANDS. — TANAGRA MELANICTERA, Güldot. — FRINGILLA CANORA, Hempr. — F. ILLYRICA, Lichst. — F. MELANOCEPHALA, Bonap. — F. CROCEA, Vieill. — XANTORNUS CAUCASICUS, Pall. — EUSPIZA ATRICAPILLA, Brehm. — E. MELANOCEPHALA et GRANATIVORA MELANOCEPHALA, Bonap. — PASSERINA MELANOCEPHALA, Vieill. — EMBERIZA MILITARIS, Haslq. — E. GRANATIVORA, Ménétr.

Cette belle espèce habite les contrées du midi, l'Asie Mineure et le Caucase, où on la voit même sur les montagnes à une grande hauteur, elle est commune en Géorgie et au Levant; on la rencontre également en Grèce, en Dalmatie, ainsi que sur les îles et les côtes de la mer Adriatique. En automne, elle visite pendant ses migrations l'Italie, mais plus rarement le midi de la France et de l'Allemagne.

Les bruants à tête noire aiment à se tenir cachés entre les branches des arbres peu élevés ou entre des broussailles, ce qui n'empêche pas qu'ils soient remuants, peu timides et d'une très-grande imprudence. Pendant l'époque de la propagation, les mâles se placent sur les branches découvertes de la cime des arbres et des arbrisseaux, et font entendre leur chant jusque dans la nuit; celui-ci a une certaine analogie avec le chant de notre bruant jaune, mais il lui est un peu supérieur, son cri d'appât est sifflant et ressemble à *zitt, zih.*

La nourriture de ces oiseaux consiste en différentes graines de plantes cultivées ou sauvages, ainsi qu'en insectes.

Dans le courant du mois d'avril, ces bruants arrivent d'Afrique et viennent en Grèce et en Dalmatie pour y nicher. Le nid, placé près de la terre, est caché entre des branches; il est d'assez grande dimension, très-profond et composé de tiges, de brins d'herbe et de racines; l'intérieur est bourré de crins, mais plus rarement de radicelles. On y trouve cinq à sept œufs rarement davantage.

Bruant auréole,

1. Mâle en plumage d'été, 2. d'hiver, 3. jeune.

BRUANT AURÉOLE.

EMBERIZA AUREOLA, PALLAS.

AUREOL BUNTING. — AUREOL AMMER.

Temm., t. III, p. 232 — Degl., t. I, p. 258. — Gould., t. III, pl. 174 — Jaub. et Barth., Richesses Ornith., p. 153. — Kittzlitz, Kupf.. pl. XXII, fig. 1. — Swinhœ (Ibis), t. II, p. 62, n° 96. — Euspiza aureola, Gray. — Hypocentor aureolus, Cab. — Passerina collaris, Vieill. — Fringilla pinetorum, Lepech. — Emberiza sibirica, Erman. — E provincialis.

Ce bruant habite une grande partie de l'Asie; on le trouve depuis l'Oural jusqu'au Kamtschatka, ainsi qu'en Chine. En automne, il vient dans les parties méridionales de la Russie, en Crimée et en Turquie. MM. Jaubert et Barthélemy disent que cette espèce arrive presque chaque année dans le midi de la France, mais en très-petit nombre.

Cet oiseau se tient de préférence dans les plaines herbeuses, plantées de peupliers et de saules. M. von Kittzlitz l'a trouvé souvent, vers le mois de juin, au Kamtschatka, où le mâle animait plus ou moins par son chant les tristes forêts de bouleaux. D'après ce naturaliste, cet oiseau se tient immobile sur une branche avancée, et dans cette position, il fait entendre son chant mélancolique avec assiduité. Le cri d'appel de ce bruant est très-aigu.

La nourriture de cet oiseau se compose d'insectes, de vers et de différentes graines.

Il niche près de la terre, entre des broussailles; le nid est composé de brins d'herbe secs et de mousse; à l'intérieur, il est tapissé de quelques crins de cheval. On y trouve de quatre à cinq œufs.

Bruant à sourcils jaunes.

BRUANT A SOURCILS JAUNES.

EMBERIZA CHRYSOPHRYS, PALL.

YELLOW-BROWED BUNTING. — GELBAUGBRAUNIGER AMMER.

Pall., Zoogr. Ross. As., t. II, p. 46, n° 210. — Bonap., Revue crit., p. 166, n° 258. — Schleg., Revue, p. LXIX. — Brée, Birds of Eur., t. III, p. 63. — Degl., t. I, p. 249. — Degl., Tabl. des Ois. du nord de la France.

Ce bruant habite la Sibérie, le Kamtschatka et la Daourie; pendant ses migrations, il arrive accidentellement dans la Russie d'Europe, et probablement aussi en Laponie et en Norwége. D'après M. Degland, un individu de cette espèce a même été pris au filet, en France, près de Lille.

Cet oiseau fréquente, comme ses congénères, les endroits marécageux abondamment pourvus de broussailles et surtout de saules et d'aunes ; il va aussi sur les rives des cours d'eau, ainsi que près des flaques bourbeuses riches en herbages, qui existent ordinairement entre les rochers ou les montagnes.

On voit souvent cette espèce voler en petites troupes, pour chercher sa nourriture qui consiste en graines, larves et insectes; ces bruants font alors entendre de temps en temps leur cri d'appel.

Ce qui est relatif à la propagation de cette espèce est inconnu jusqu'à ce jour.

Bruant à barbe rousse.
1. Mâle. 2. Jeune.

BRUANT A BARBE ROUSSE.

EMBERIZA RUFIBARBA, EHRENB. et HEMPR.

RUFOUS BEARDED BUNTING. — ROSTBÄRTIGER AMMER.

Temm., t. III, p. 223. — Degl., t. I, p. 256. — Gould, t. III, pl. 181. — Malb., FAUNE DE SICILE, p. 117. — Jaub. et Barth., RICHESSES ORNITH., p. 159. — v. d. Mühle, ORNITH. GRIECHENLANDS, n° 65.—Rüpp., ATLAS, pl. X, fig. 6. — Rüpp., VG. N.-O. AFRIKA'S, n° 301. — FRINGILLA CÆSIA, Sweins. — GLYCYPINA CÆSIA, Cab. — EMBERIZA CÆSIA, Cretzsch. — E. RUFIGULARIS, Brehm.

L'Abyssinie, la Nubie, l'Égypte et la Syrie sont les contrées où cet oiseau se trouve habituellement. Cependant on le rencontre quelquefois en Espagne, dans le midi de la France, en Italie, en Turquie et en Grèce; on l'a même déjà pris en Autriche.

Cet oiseau, qui n'arrive qu'accidentellement en Europe, n'est pour nous qu'une variété climatique africaine de notre bruant ortolant. Nous l'avons figuré sur la planche ci-contre, parce que nous voulons donner, sans exception, toutes les espèces reconnues comme européennes, et que celle qui nous occupe en ce moment est généralement considérée par les auteurs comme étant une espèce distincte.

Ce bruant passe sa vie, qui est très-retirée, dans les petits bois, dans les endroits pierreux et dans les plaines abondamment pourvues de broussailles; la femelle se tient le plus souvent cachée, mais le mâle fait entendre durant tout le jour son chant monotone.

La nourriture de cette espèce consiste, comme celle des autres oiseaux de ce genre, en insectes et en semences.

Le nid, qui est caché entre des broussailles, est formé de brins d'herbe secs et de mousse; il est doublé à l'intérieur de laine et de poils. On trouve ordinairement dans ce nid quatre à six œufs.

Bruant striolé

1. Mâle 2. Femelle.

BRUANT STRIOLÉ.

EMBERIZA STRIOLATA, TEMM.

STRIATED BUNTING. — STREIFKÖPFIGER AMMER.

Temm., t. IV, p. 640. — Degl., t. I, p. 237. — Lichst., Cat., p. 24, n° 243. — Rüpp. Reise, Atlas, p. 13, pl. 10. — Rüpp., Vg. N.-O. Afrika's, n° 300. — Fringilla striolata, Lichst. — Polymitra striolata, Cab.

Le bruant striolet habite l'Égypte et la Nubie, d'où il fut rapporté par le docteur Ed. Rüppel, qui en donna une figure dans l'atlas de son voyage. Cet oiseau est commun en Andalousie, il visite pendant ses migrations la Morée, mais ne vient qu'accidentellement dans l'Europe centrale. Sa vie est généralement très-solitaire, et son extrême timidité est poussée à un tel point, qu'on ne peut l'atteindre que difficilement.

La nourriture de ce bruant est probablement la même que celle des autres oiseaux de ce genre.

Quant aux mœurs et à la propagation de cette espèce, on n'en connaît que bien peu de chose. Le nid qu'on lui a attribué se composait de fines tiges de plantes, de brins d'herbe secs, de mousse et de lichens; l'intérieur était tapissé de fines radicelles et d'un peu de laine de mouton. Ce nid contenait cinq œufs blanchâtres, recouverts de fines petites veines et de stries.

p. 4

Bruant à tête blanche;

1. Mâle 2. Jeune.

BRUANT A TÊTE BLANCHE.

EMBERIZA LEUCOCEPHALA, GMEL.

WHITE-CAP BUNTING. — WEISSKÖPFIGE AMMER.

Temm., t. I, p. 311. — Gould, t. III, pl. 180. — Naum., t. IV, pl. 104. — Degl., t. I, p. 252. — Meyer, DEUT. VÖGEL, t. III, p. 62. — Bonap., REV. ET MAG. DE ZOOL. 1857, pl. 7, jeune. — Jaub. et Barth., RICHESSES ORNITH., p. 157. — v. d. Mühle, ORNITH. GRIECHENLAND'S, n° 70 — Pallas, ZOOGRAPHIA R. AS., t. II, p. 27. — FRINGILLA DALMATICA, Gmel. — PASSER ESCLAVONICUS, Briss. — CYNCHRAMUS PITYORNIS, Brehm. — EMBERIZA PITYORNIS, Pall. — E. ESCLAVONICUS, Degl. — E. ALBIDA, Blyth. — E. PASSERINA, Mess. — E. SCOTATA, Bonap. — E. BONAPARTI, Barth.

Ce bruant est commun en Sibérie, dans les vallées des monts Ourals jusqu'à la Léna ; dans ses migrations annuelles, il vient dans le voisinage de la mer Caspienne, dans le sud de la Russie, en Turquie et en Grèce; plus rarement en Ligurie et en Dalmatie, et très-rarement en Hongrie, en Autriche, ainsi que dans plusieurs autres contrées de l'Allemagne ; on l'a même déjà observé en Lombardie.

Cet oiseau se tient de préférence dans les bois de pin et de sapin, mais il recherche aussi les lieux aquatiques abondamment plantés de saules, d'aunes et d'autres végétaux marécageux.

Son chant a beaucoup de ressemblance avec celui du bruant des roseaux. Il est d'une nature peu timide et se tient souvent dans la compagnie des bruants jaunes.

La nourriture de ce bruant consiste en graines, en larves et en insectes.

On trouve son nid, qui a un aspect cupuliforme, entre des broussailles; il est composé de matières végétales sèches et de brins d'herbe; l'intérieur est tapissé de poils. Ce nid contient, vers le mois de mai, cinq à six œufs, qui éclosent ordinairement en juin.

Bruant rustique

BRUANT RUSTIQUE.

EMBERIZA RUSTICA, PALLAS.

RUSTIC BUNTING. — FELD AMMER.

Pall., Zoogr., II, p. 42. — Temm., t. III. p. 229. — Degl., t. I, p. 266. — Gould, t. III, pl. 177. — Bree, vol. III, p. 53. — Savi, Ornith. Toscana, t. III, p. 223. — Calvi, Cat. ornith. di Geneva, p. 46. — v. Kittlitz, Kupf., p. 17, pl. 12. — Emberiza lesbia, Gmel. — E. Durazzi, Bonap. — E. borealis, Zetterst.

Ce bruant se rencontre en Sibérie jusqu'au Kamtschatka, et visite chaque année, pendant ses migrations, la Russie d'Europe ; plus rarement la Laponie et la Suède. M. Gätke en prit également un sur l'île Helgoland, et cet oiseau vient aussi accidentellement en France et en Toscane.

Les localités que ce bruant recherche de préférence sont les plaines herbeuses et entrecoupées de broussailles. Le mâle se tient habituellement immobile sur la branche la plus avancée d'un arbre et y fait entendre son chant qui ressemble beaucoup à celui du bruant des roseaux. Ce chant est du reste simple, doux et assez mélancolique ; il ne se compose ordinairement que de cinq notes, dont la dernière est longue et soutenue ; le cri d'appel est cependant fort strident. En Sibérie, on entend le chant de cet oiseau aussi longtemps que dure l'époque des amours, mais rarement passé ce temps. Il abandonne ce pays vers le mois d'août et n'y revient qu'au commencement de juin.

Le bruant rustique niche à terre dans l'herbe ou entre des broussailles. Le nid est formé de brins d'herbe entremêlés de mousse et de lichens ; l'intérieur est bourré de poils de rennes. La femelle y dépose quatre à cinq œufs.

Bruant nain.

1. Mâle, 2. Femelle.

BRUANT NAIN.

EMBERIZA PUSILLA, PALLAS.

LITTLE BUNTING. — ZWERGE AMMER.

Pall., Zoogr. rosso-as., t. II, p. 42. — Degl., t. I, p. 268. — Schleg., Revue, p. LXXI. — Bree. Birds of Eur., t. III, p. 65. — Naum., t. XIII, pl. 382. — The Ibis, Ornith. of China, p. 61. — Naumannia, 1858, p. 424. — Emberiza Durazzi, E. lesbia et Buscarba pusilla, Bonap.

Ce bruant est répandu en Sibérie et dans toute la partie orientale du nord de l'Asie, ainsi qu'en Chine; au nord de la Russie on le trouve assez communément près de la mer Blanche, et d'après M. Gätke, il visite chaque année, pendant ses migrations, l'île Helgoland, mais il y est toujours considéré comme une grande rareté Il vient de la même manière dans le midi de la France, et on en a pris même un en Hollande, près de Leyde.

On voit le plus souvent cet oiseau dans les endroits marécageux, aux bords des cours d'eau, sur des aunes, des saules et entre des roseaux. Il n'est point farouche, comme le sont d'habitude la plupart des oiseaux du Nord, et on peut par conséquent facilement s'en emparer. Sa nourriture se compose de larves, d'insectes et de graines.

La nidification commence dans le Nord au commencement de juin, sur les rivages des eaux douces. Le nid, placé à terre sur une petite élévation entre de l'herbe ou des broussailles, est composé de brins d'herbe et de feuilles mortes, entremêlés de mousse et de radicelles; l'intérieur est bourré de laine et de quelques plumes sur lesquelles la femelle dépose quatre à cinq œufs.

Pendant l'hiver le plumage de cet oiseau est moins vif et presque le même pour les deux sexes, car le mâle n'a plus alors la gorge rousse. C'est dans cet état qu'il se trouve figuré dans les suppléments de Naumann (pl. 382), mais les deux figures y sont toutefois beaucoup trop claires (1).

---

(1) La même faute a été commise à l'égard de l'*Emberiza rustica*, qui se trouve sur la même planche, à tel point qu'on dirait que ces deux oiseaux appartiennent à une même espèce; ils diffèrent cependant beaucoup en grandeur et en plumage.

Bruant des marais.

1. Mâle, 2. Femelle.

BRUANT DES MARAIS.

EMBERIZA PALUSTRIS, SAVI.

MARSH BUNTIG. — SUMPF AMMER.

Temm., t. III, p. 202. — Gould., t. III, pl. 184. — Savi, ORNITH. TOSCANA, t. II, p. 91. — v. d. Mühle, ORNITH. GRIECHENLANDS, n° 72. — Malh., FAUNE DE SICILE, p. 116. — Jaub. et Barth., RICHESSES ORNITH. p. 168. — EMBERIZA PYRRHULOÏDES, Pall. — E. CASPIA, Menetr. — E. ATRATA, Raffin. — E. INTERMEDIA, Mich. — SCHOENICOLA PYRRHULOÏDES, Bonap. — CYNCHRAMUS PYRRHULOÏDES, Kaup. — C. PSEUDO-PYRRHULOÏDES et C. PALUSTRIS, Brehm.

Ce bruant habite les régions du Sud du Volga et les environs des monts Ourals, de la mer Caspienne et de la mer Noire, ainsi que la Grèce, la Dalmatie, l'Italie, l'Espagne, et vient de temps à autre jusqu'en Provence.

Les marais, les rives humides et les environs des eaux stagnantes abondamment pourvus d'aunes, de saules et de roseaux, sont les lieux que cet oiseau préfère. Le mâle se tient ordinairement sur une branche découverte ou sur un poteau, où il fait entendre son chant, qui est assez varié, et qu'il prolonge quelquefois bien avant dans la nuit.

Cette espèce se nourrit, comme presque toutes celles de ce genre, de graines, d'insectes et de larves.

Aux premiers beaux jours du printemps, cet oiseau commence la construction de son nid dans les fourrés de saules, d'aunes, de roseaux et d'autres plantes aquatiques, ou entre des branches. Ce nid, construit très-artistement en forme de coupe, est composé de brins d'herbe, de feuilles et de mousse; l'intérieur est tapissé très-proprement d'une couche de crin noir. La femelle y dépose, vers la fin d'avril ou au commencement de mai, quatre à six œufs.

Moineau cisalpin.

MOINEAU CISALPIN.

PASSER CISALPINUS, BREHM.

ALPINE SPARROW. — ALPEN SPERLING.

Temm., t. I, p. 351. — Degl., t. I., p. 207. — Gould, t. III, pl. 185, fig. 2. — Malh., FAUNE DE SICILE, 121. — Savi, ORNITH. TOSCANA, t. II, p. 98. — Jaub. et Barth., RICHESSES ORNITH., p. 128. — Rüpp., VG. N.-O. AFRIKA'S. n° 292. — FRINGILLA ITALIÆ, Vieill. — F. CISALPINA, Temm. — PYRGITA ITALICA, Bonap. — P. CISALPINA, Cuv. — PASSER DOMESTICUS CISALPINUS, Schleg. — P. ITALICUS, Keys. et Blas.

Ce moineau n'est qu'une variété climatique de notre moineau domestique, due probablement à la haute température du climat où il vit; le mâle est surtout caractérisé par la couleur de son plumage.

Cet oiseau se rencontre au sud de la Sibérie, à Java, en Syrie, en Bucharie, en Daourie, en Grèce, dans une grande partie de l'Italie et sur les îles de la mer Méditerranée; il est plus rare dans le midi de la France; mais on le rencontre cependant, presque en tout temps, sur les Alpes, et aussi parfois en compagnie du moineau domestique, sa race primitive. Il ne diffère de ce dernier ni par la voix, ni par les mœurs; comme lui, il construit son nid tantôt sur les arbres, tantôt dans des trous de murs ou sous les toits des maisons.

Nous ne considérons donc le moineau cisalpin, ainsi que le moineau espagnol, que comme des variétés climatiques très-marquées du moineau domestique; néanmoins, ils présentent cependant l'un et l'autre un grand intérêt pour les collections.

Moineau espagnol,

1. Mâle. 2. Femelle.

MOINEAU ESPAGNOL.

PASSER HISPANIOLENSIS, DEGLAND.

SPAIN SPAROW. — SPANISCHE SPERLING.

Temm., t. 1, p. 353. — Gould, t. III, pl. 185, fig. 1. — Degl., t. 1, p. 209. — Thien, pl. X, fig. 5. – Jaub. et Barth., Richesses ornith., p. 129. — Savi, Ornith. Toscana, t. II, p. 106.— v. d. Mühle, Ornith. Griechenlands, n° 73. — Malh., Faune Sicile, p, 121. — Malh., Ois. d'Algér., p. 14. — Fringilla hispaniolensis, Tem. — F. salicicola, Vieill. — F. sardoa, Savi. — Pyrgita salicaria, Swains. — Passer salicarius, Schleg.

Ce moineau habite l'Algérie, les îles Canaries, le Maroc, l'Égypte, la Perse, la Syrie, la Bulgarie, le Japon et Java; en Europe, il se trouve en Espagne, au Portugal, en Grèce, et vient quelquefois aussi en Sardaigne et en Sicile, mais rarement dans le Midi de la France.

Les mœurs de cet oiseau sont les mêmes que celles de notre moineau domestique; il est, comme ce dernier, très-sociable, et on le rencontre en très-grand nombre dans certaines localités, où ils se font reconnaître au loin par leurs clameurs. Pendant l'époque où ils ont des petits, ils se nourrissent d'insectes et d'œufs de papillons, qu'ils donnent également à leur progéniture; ils détruisent par ce moyen des millliers d'insectes nuisibles; mais ils causent de grands ravages dans les jardins, surtout aux cerisiers, aux vignes, aux figuiers et aux orangers. Ces oiseaux n'épargnent pas davantage les champs; ils s'y abattent par bandes nombreuses pour y glaner le restant de la récolte. Ils se tiennent de préférence sur les orangers et au sommet des palmiers, où ils dorment souvent; mais ce n'est qu'après avoir poussé bien des cris qu'ils peuvent se décider à prendre place.

Ces moineaux nichent principalement sur les arbres, plus rarement dans les crevasses des murailles et sous les toits; on trouve souvent sur un seul oranger ou sur un palmier huit à douze de ces nids. Ceux-ci sont composés de brins d'herbe et ressemblent plutôt à une boule de foin qu'à un nid; l'intérieur est grossièrement bourré de plumes et de laine, et la femelle y dépose en février ou mars cinq à six œufs.

Carpodaque rose.

1. Mâle, 2. Femelle.

CARPODAQUE ROSE.

CARPODACUS ROSEUS, KAUP.

ROSY BULLFINCH. — ROSENFARBIGE CARPODAC.

Temm., t. I, p. 355. — Degl., t. I, p. 191. — Naum., t. IV, pl. 115. — Gould, t. III, pl. 207. — Bree, Birds of Eur., t. III, p. 76. — Pall., Zoogr., t. II, p. 23, n° 192. — Bonap. et Schleg., Monogr. des Loxiens, p. 18, pl. 19 et 20. — Fringilla rosea, Pall. — Passer roseus, Pall.— Erythrospiza rosea, Bonap. — Erythrina albifrons, Brehm. — Pyrrhula rosea, Temm.

Cet oiseau a pour patrie le nord de l'Asie; il hiverne, en petites troupes, dans la partie tempérée de la Sibérie et en particulier sur les rives, si riches en saules, de l'Uda et de la Selenga et dans les lieux environnants. Il émigre au printemps vers les régions du nord pour vivre sur les bords des fleuves Léna et Tunguska; on trouve souvent à cette époque de ces oiseaux isolés dans les provinces et les îles limitrophes. C'est pendant ces migrations que le carpodaque rose visite parfois la Russie d'Europe et accidentellement l'Allemagne, où il a été observé sur le territoire d'Anhalt, en Autriche, en Hongrie et même à l'île Helgoland.

Ce carpodaque se tient de préférence dans les bois qui longent les cours d'eau, ce qui ne l'empêche cependant pas d'aller dans les jardins, en compagnie du plectrophane de neige. Le naturel peu farouche de cet oiseau rend sa domestication très-facile; il ne procure cependant que peu d'agrément aux amateurs de volières, car son chant est insignifiant, mais il a la faculté d'imiter assez bien celui des autres oiseaux chanteurs.

La nourriture de cette espèce se compose principalement de graines oléagineuses, de noyaux de certaines baies et d'insectes en été.

Le nid est bâti entre les branches d'un saule; il est cupuliforme, lisse et solidement construit à l'aide de brins d'herbe, de mousse et de châtons de saules; l'intérieur est bourré de poils, formant une chaude litière aux quatre ou cinq œufs que pond la femelle.

Serin des déserts,

1. Mâle, 2. femelle.

SERIN DES DÉSERTS.

SERINUS DESERTORUM, DUBOIS.

DESERT SERIN. — WÜSTEN-GIRLITZ.

Temm., t. III, p. 249. — Gould, t. III, pl. 208. — Degl., t. I, p. 188. — Temm., pl. col., 400. — Bolle, NAUMANNIA, 1858, p. 369. — ROUX, ORNITH. PROVENC SUPP., tab 74. — Malh., FAUNE DE SICILE, p. 128. — v. d. Mühle, ORNITH. GRIECHENLAND'S, n° 37. — Rüpp., VG. N.-O. AFRIKA'S, n° 315. — FRINGILLA GITHAGINEA, Lichst. — F. THEBAICA, Hemp. — PYRRHULA GITHAGINEA, Temm. — P. PAYREAUDÆI, Audouin. — BUCANETES GITHAGINEA, Cab. — CARPODACUS GITHAGINEA, Neus. — ERYTHROSPIZA GITHAGINEA, Bonap. — SERINUS GITHAGINEA, Glog. (1).

Ce serin vient accidentellement en Toscane, en Provence et en Grèce, mais il visite chaque année l'île de Malte, où on l'appelle vulgairement *trumbettier*. Sa véritable patrie est l'Afrique, où on le trouve dans la haute Egypte, la Nubie, l'Algérie et principalement dans le grand désert du Sahara, ainsi que sur les îles Canaries, particulièrement dans celles de Lancerotte et de Fortaventure, où il se tient dans les lieux arides, rocailleux et les plus exposés au soleil brûlant d'Afrique.

Cet oiseau vit dans ces différentes localités en société plus ou moins nombreuse, sautillant de pierre en pierre, ou volant assez près de la terre en faisant entendre son chant, qui ressemble à un faible son de trompette.

La nourriture de ce serin consiste en différentes espèces de graines, particulièrement de graminées ; il est quelquefois obligé de faire plusieurs lieues pour trouver un peu d'eau, tant les localités qu'il habite sont arides.

Vers le mois de mars, cet oiseau niche, dans un endroit très-caché sur terre, entre des pierres ou dans des crevasses de rochers. Le nid, qui a à peu près la forme d'une coupe, est construit sans beaucoup d'art ; il est composé de brins d'herbe secs et bourré à l'intérieur de plumes, quelquefois aussi de laine de chameau ou de chèvre ; il contient trois à cinq œufs

Ce serin se tient très-bien en captivité et pond même dans cet état, d'après ce que dit M le docteur K. Bolle, dans son intéressant article sur l'histoire naturelle de cette espèce. Il serait à désirer que tous les naturalistes qui ont eu l'occasion d'étudier des espèces nouvelles ou peu connues, mettent autant de soin à décrire leurs mœurs, leur propagation, etc., que l'a fait M. Bolle, car nous n'avons jusqu'à ce jour aucune publication traitant des oiseaux de l'Europe qui puisse être considérée comme complète, à moins de se contenter, comme l'a fait M. Degland, de donner une description du plumage, qu'il termine par ces mots : « Mœurs, habitude, régime et propagation inconnus. »

(1) Le nom spécifique de *Githaginea* a été donné à cet oiseau à cause de l'analogie de sa couleur avec celle de la fleur d'une plante appelée *Agrostemma githago*.

Serin à front doré

SERIN A FRONT DORÉ.

SERINUS AURIFRONS, DUBOIS.

ORANGE-FRONTED SERIN. — ORANGENSTIRNIGE GIRLITZ.

Degl., t. I. p. 191. — Schleg., Rev., p. 65. — Bonap. Rev. crit., p. 169, n° 276. — Cab. Journ. f. Ornith., t. II, p. 64. — Zoogr. Ross. Asiat., t. II, p. 28. — Passer pusillus, Pall. Fringilla pusilla, Gmel. — Pyrrhula pusilla, Sél. — Emberiza auriceps, Blyth — Oraegitus pusillus, Cab. — Serinus pusillus, Brand.

Cette espèce rare pour l'Europe habite les monts Himalaya, la Sibérie, le Caucase et le voisinage de la mer Caspienne: elle arrive en hiver dans la partie subalpine de la Perse. Ce n'est qu'accidentellement qu'elle fait son apparition en Russie, et encore n'est-ce que pendant les hivers excessivement rigoureux; on les voit alors généralement par petites troupes.

Cet oiseau, d'un naturel paresseux, se tient volontiers accroupi sur les branches d'un arbre. On le voit aussi souvent courir ou sautiller sur le sol; en été, il vit dans les neiges des hautes montagnes. Il est peu farouche et l'on peut, pour cette raison, facilement s'en approcher. Le chant du mâle est insignifiant.

La nourriture de ce serin se compose de diverses graines oléagineuses ou farineuses, principalement de graminées et de mélèze.

Le serin à front doré niche sur les arbres et exceptionnellement sous la toiture d'une hutte ou entre les crevasses de ses murailles. Le nid est gros et solidement construit à l'aide de foin; l'intérieur, bien arrondi, est garni de laine et de plumes. La ponte semble être de quatre ou cinq œufs.

Serin à longue queue.
1. Mâle, 2 femelle.

SERIN A LONGUE QUEUE.

SERINUS LONGICAUDA, DUBOIS.

LONG-TAILED SERIN. — LANGSCHWÄNZIGE GIRLITZ.

Pall., Zoogr. Rosso-Asiat., t. II, p. 10, n° 181. — Temm., t. I, p. 340. — Gould, t. II, pl. 205. —Mey., Taschenb., t. III, p. 52.—Bonap. et Schleg., Monogr. des Loxiens, p. 30, pl. 34 et 35.— Linaria longicauda rosea, Mus. Petrop. — Loxia siberica, Lin. —Corythus sibericus, Bonap. — Fringilla longicauda et Pyrrhula longicauda, Tem. — P. caudata, Pall.

Ce bel oiseau habite le Japon et se trouve en abondance dans les bois ombrageant les cours d'eau et les torrents du sud de la Sibérie, particulièrement dans ceux qui avoisinent le lac de Baikal.

Il aime à se blottir dans les peupliers plantés aux bords des eaux et à sauter d'une branche à l'autre en faisant entendre son chant, qui ressemble à celui du sizerin.

Son régime est entièrement granivore : il se nourrit de différentes espèces de semences, et principalement de celles de l'armoise (*Artemisia integrifolia*), des potentilles et des plantes de la famille des composées ; il est cependant probable qu'il ne dédaigne pas entièrement les insectes.

En automne, on voit cette espèce réunie en petites bandes, errer pendant quelque temps dans des buissons touffus. Elle ne tarde pas alors, surtout si l'hiver est rigoureux, à émigrer vers les provinces du sud de la Sibérie ; c'est pendant ces voyages qu'elle vient accidentellement en Crimée et même jusqu'en Hongrie.

Son mode de propagation est encore entièrement inconnu.

n° 3.

Erythrospize phœnicoptère,

1. Mâle. 2. femelle.

Genre Erythrospize. — Erythrospiza, Bonap.

ERYTHROSPIZE PHŒNICOPTÈRE.

ERYTHROSPIZA PHOENICOPTERA, BONAP.

CRIMSON-WINGED GROSBEAK. — ROSENFLÜGELIGER KERNBEISSER.

Bonap. et Schleg., MON. DES LOX., pl. 30 et 31. — Bonap., REV. CRIT., p. 170, n° 286. — Brée, t. III, p. 95. — FRINGILLA RODOPTERA, Lichst. — COCCOTHRAUSTES PHOENICOPTERUS, Nordm. — CARPODACUS PHOENICOPTERUS, Gray. — MONTIFRINGILLA SANGUINEA, Gould. — RHODOPECHYS PHOENICOPTERA, Loche.

Cet erythrospize, dont on doit la découverte à MM. Emprich et Ehrenberg, a pour patrie la Perse et quelques contrées limitrophes. Ces deux naturalistes en ont tué plusieurs sur le mont Liban. Pendant ses migrations, qui ont lieu par petites troupes, il visite de temps en temps le Caradach, l'Arménie et la Géorgie, mais ne vient qu'accidentellement en Circassie. On a même observé, à différentes reprises, près d'Erzeroum, cinq à six individus réunis de cette espèce.

Cet oiseau vit dans les endroits sablonneux ou pierreux, pourvu qu'ils soient bien découverts ; on le voit souvent courir à terre pour chercher des insectes et des graines, surtout celles de graminées, qui doivent lui servir d'aliments. Pendant ces recherches, il fait parfois entendre son cri d'appel qui est court et insignifiant. Cet oiseau sait aussi fort bien éviter l'œil d'un observateur, et en s'élevant, ses belles ailes roses étendues lui donnent une élégance toute particulière.

Nous regrettons beaucoup de ne pouvoir dire davantage sur ce bel oiseau, car sa propagation est encore entièrement inconnue. Sur la planche X, nous figurons un œuf qui lui est attribué, mais dont nous ne garantissons cependant pas l'authenticité.

Erythrospize du Caucase.

1. Mâle. 2, femelle.

ERYTHROSPIZE DU CAUCASE.

ERYTHROSPIZA CAUCASICA, DUBOIS.

CAUCASIAN GROSBEAK. — KAUKASISCHER KERNBEISSER.

Pall., Zoog., vol. II, p. 13, n° 183. Güld. — Nov. Comm. Petrop., vol. XIX, p. 464. — Bonap. et Schleg., Monogr. des Loxiens, p. 23, pl. 26. — Keys. et Blas., Wirbelt. Eur., p. XL, n° 106. — Bonap., Rev. p. 170, n° 283. — Schleg. Rev. crit., p. LXIV. — Loxica rubicilla, Güld. — Carpodacus rubicilla, Bonap. — Strobilophaga caucasica, Grey. — Pyrrhula rubicilla, Pall. — Corythus rubicilla, Brandt. — Coccothraustes caucasicus, Everm.

Cette espèce, rare pour l'Europe, habite les Alpes du Caucase et de l'Altaï, d'où elle parvient quelquefois en Valachie et en Crimée.

On rencontre cet oiseau, en dehors de l'époque des amours, en nombreuse société; il s'abat volontiers sur les arbres pour y chercher quelque repos et faire entendre son cri monotone qui a beaucoup d'analogie avec celui du bouvreuil. Selon Güldenstädt, l'érythrospize du Caucase se tient de préférence sur les bords des torrents à lit de gravier. Le naturel de cet oiseau est farouche et prudent : il fuit surtout la présence de l'homme pendant la couvaison ; lorsqu'il émigre, ses craintes se dissipent un peu, et c'est alors le bon moment de lui faire la chasse.

La nourriture de cette espèce se compose de baies, même lorsqu'elles ont une certaine dureté, mais elle montre toujours une grande prédilection pour les baies d'argousier (*Hippophœ rhamnoides*), plante très-commune dans sa patrie; il ne dédaigne pas non plus les graines et les insectes, bien qu'il soit peu avide de ces derniers.

Montifringille de neige,
1. Mâle. 2. Jeune.

MONTIFRINGILLE DE NEIGE.

MONTIFRINGILLA NIVALLIS, BREHM.

SNOW FINCH. — SCHNEE FINK.

Temm., t. I, p. 362. — Gould., t. III, pl. 189. — Naum., t. V, pl. 117. — Degl., t. I, p. 221. — Thien., Fortpf., pl. XXXVI, fig. 7. — Savi, Ornithol. Toscana, t. II, p. 115. — Passer alpicola, Pall — Plectrophanes fringilloïdes, Boie. — Orites nivalis, Keys. et Blas. — Montifringilla glacialis, Brehm. — Fringilla saxatilis, Koch. — F. Nivalis, Linné.

Cet oiseau habite le Caucase et les hautes montagnes de l'Europe, telles que les Pyrénées. les Alpes françaises, suisses, tyroliennes et bavaroises; on le trouve même sur les pics neigeux les plus élevés de ces montagnes, où il n'y a plus aucune espèce de végétation. Ce n'est que pendant les hivers rigoureux qu'il se décide à descendre dans les vallées.

Pendant la plus grande partie de l'année. cette espèce vit en sociétés plus ou moins considérables, sauf pourtant à l'époque de la couvaison, durant laquelle ces oiseaux vivent solitaires. Ils se tiennent soit dans les terrains plats, soit sur les montagnes ou sur des murs. Ils sont peu timides, et lorsqu'ils ont été troublés par un danger quelconque, ils viennent souvent se remettre à la même place, après avoir décrit un cercle dans les airs. Le mâle fait entendre son chant tantôt en volant, tantôt en se reposant, et souvent, pendant le vol, il pousse des cris aigus ressemblant à *kip, kip;* en captivité, il est au commencement très-sauvage, mais ne tarde pas à s'apprivoiser

Il se nourrit de petits insectes, d'araignées, d'œufs de papillons et quelquefois aussi de chrysalides; mais pendant l'hiver il se contente de diverses espèces de graines.

Cet oiseau niche dans les crevasses des rochers ou sous les toits de maisons solitaires; il compose son nid, qui est assez volumineux, de brins d'herbe et de mousse; l'intérieur est bourré de laine, de poils et de plumes. Au commencement de mai la femelle y pond quatre à six œufs.

Montifringille arctique.

1. Mâle, 2. femelle.

MONTIFRINGILLE ARCTIQUE.

MONTIFRINGILLA ARCTOA, BONAPARTE.

ARCTIC FINCH. — ARKTISCHE FINK.

PALL. ZOOGR. ROSSO-ASIAT., t. II, p. 27, n° 191. Brandt, BULL. DE L'ACAD. DE SAINT-PÉTERSB., Nov. 1841, t. X, p. 251. — Brandt, ibid., fev. 1843. — Bonap. et Schleg. MONOGR. DES LOXIENS, p. 38, pl. 44 et 45. — PASSER ARCTOUS, Pall. — FRINGILLA ARCTOA, Brandt. — F. GRISEINUCHA ET F. GRISEIGENYS, Gray. — F. PUSTULATA, Ill. — LEUCOSTICTE GRISEIGENYS, Gould. — OREOSPIZA ARCTOA, Aliq.

Cet oiseau habite les régions glaciales de la Sibérie et du Kamtchatka; on le voit souvent sur les îles Aléoutiennes, les Courilles, et parfois aussi sur l'île de Behring. Pendant l'hiver, il émigre par troupes, mêlé aux tarins sizerins, vers les parties méridionales de la Sibérie; c'est ainsi qu'il parvient accidentellement en Russie d'Europe.

Lors des migrations, on rencontre souvent de ces oiseaux sur les routes et dans les villages des pays cités plus haut. On peut les prendre sans peine, car dès qu'ils se voient poursuivis, ils fourrent leur tête dans l'herbe, se croyant ainsi en sûreté.

La nourriture de cette espèce se compose de diverses graines, et en particulier de celles des ombellifères.

La nidification ne paraît avoir lieu que dans les régions polaires de la Sibérie. Le nid est placé entre des pierres ou dans les crevasses des rochers; il se compose d'herbes sèches, de mousse et de lichens. Les quatre ou cinq œufs que pond la femelle reposent sur une chaude litière de plumes.

N. 5. 2

Pinson Morelet

Mâle & Femelle.

PINSON MORELET.

FRINGILLA MORELETTI, PUCHERAN.

MORELET'S FINCH. — MORELET'S FINK

Puch., l'Institut, 1re sect., 1859, p. 45. — Rev. et Mag. de zool., 1859, pl. 16. — Bolle, Journ. fur Ornith., 1860, p. 348.

Ce pinson, qui est nouveau pour la faune européenne, a été découvert aux îles Açores, par M. Morelet. Ce naturaliste français, déjà connu depuis longtemps dans la science par les voyages d'explorations qu'il entreprit en Portugal, en Algérie, à l'île de Cuba et au Guatémala, fit en 1857 une nouvelle expédition aux îles Açores, en compagnie de M. Drouet et du géologue allemand M. Hartung. Bien que dans ce dernier voyage ces naturalistes ne s'occupèrent principalement que de conchyliologie et d'entomologie, M. Morelet rapporta en même temps quelques espèces d'oiseaux, parmi lesquels se trouva le pinson en question. C'est M. Pucheran qui, le premier, décrivit ce pinson dans le journal l'*Institut*, et plus tard, en 1859, il en parut une figure dans la *Revue et Magasin de zoologie;* nous vîmes alors que cet oiseau n'était pas aussi nouveau qu'on le croyait. Il y a plusieurs années, nous achetâmes de M. Boisseauneau les peaux d'oiseaux qui lui restaient encore de son magasin d'histoire naturelle qu'il tenait alors à Paris, et parmi ces peaux, qui provenaient de différents pays, nous trouvâmes un couple de pinsons Morelet, mais malheureusement attaqués par les mites. Ne sachant pas alors de quelle contrée ces oiseaux étaient originaires, nous en fîmes immédiatement un dessin que nous reproduisons sur la planche ci-contre.

Pour ce qui regarde les mœurs et la propagation de ce pinson, on n'en sait encore absolument rien. M Darwin en a pris plusieurs dans l'intérieur de Terceira, mais il ne les a pas distingués du pinson ordinaire. Nous sommes porté à croire que cet oiseau n'est qu'une variété climatique de ce dernier.

Cerin citrin

1. Mâle. 2. Femelle.

TARIN CITRIN.

CARDUELIS CITRINELLUS, DUMONT.

CITRIL FINCH — CITRONEN ZEISIG.

Temm., t. I, p. 370. — Degl., t. I, p. 233. — Gould, t. III, pl. 198. — Naum., t. V, pl. 124. — Malh., FAUNE de SICILE, p. 126. — Savi, ORNITH. TOSCANA, t. II, p. 122. — Jaub. et Barth., RICHESSES ORNITH., p. 145. — v. d. Mühle, ORNITH. GRIECHENLAND'S, n° 82. — EMBERIZA BRUMALIS, Scop. — FRINGILLA BRUMALIS, Bechst. — F. CITRINELLA, Lin. — SERINUS ITALICUS, Briss. — CANNABINA CITRINELLA, Degl. — CITRINELLA SERINAS et ALPINA, Bonap. — C. BRUMALIS, Cab. — C. MONTANA et CINERASCENS, Brehm. — SPINUS CITRINELLA, Koch.

Ce tarin a pour patrie le nord de l'Afrique, la partie sud-ouest de l'Asie et tout le midi de l'Europe ; il n'est pas rare en Autriche, au Tyrol et en Suisse. En été, il se tient sur les versets des rochers, dans les forêts des Alpes, et on le trouve même sur ces montagnes jusque vers les régions où la végétation arrive à ses dernières limites. En automne, il descend dans les vallées pour émigrer plus au midi, en compagnie d'un grand nombre de ses semblables; il annonce par sa présence l'approche de l'hiver. C'est un oiseau très-timide ; le mâle a un beau chant, qu'il fait entendre souvent, même quelquefois pendant toute une journée, ce qui anime beaucoup les tristes localités où il séjourne parfois.

Le tarin citrin se nourrit de graines, et surtout de la semence des différentes espèces de pissenlits, qu'il recherche avec avidité.

Aux premiers beaux jours il vient, pour nicher, reprendre possession de ses montagnes qui sont souvent encore recouvertes de neige. Le nid, construit entre les branches d'un sapin, se compose de branchages, de radicelles et de mousse; l'intérieur est tapissé de laine de mouton et des matières floconneuses que produisent certaines plantes. On trouve le plus souvent quatre œufs dans ce nid.

Cet oiseau fait ordinairement deux pontes par an : la première en avril et la seconde en juin.

Carin grisâtre.

TARIN GRISATRE.

CARDUELIS CANESCENS, RISSO.

MEALY REDPOLE. — GRAUER ZEISIG.

Temm. t. III, p. 264. — Degl. t. I, p. 241. — Gould, t. III, pl. 193 — Bonap. et Schleg. MONOGR. DES LOXIENS, pl. 49. — Fringilla borealis, Roux. — F. canescens, Schleg. — Linaria canescens, Gould. — L. Hornemanni, Holb. — L. borealis, Selby. — Linota borealis, Macg. — Acanthis canescens, Bonap.

Cet oiseau habite les régions arctiques; on l'observe en Islande, au Groënland, en Laponie, en Norwége et en Suède. Pendant l'hiver, lors des migrations, il se montre plus au sud et vient au Danemark, en Allemagne et en Grande-Bretagne.

Le tarin grisâtre est très-sociable pendant ses voyages; il montre même une sorte de tendresse pour ses compagnons de route. Il est en général peu farouche.

La nourriture de ce petit oiseau consiste principalement en graines de conifères, d'orme et d'aulne, mais il recherche de préférence celles du bouleau. Il n'est pas rare de le voir suspendu à une branche de cet arbre, pour enlever la semence aux fruits, tout en étant balancé par le vent; il se nourrit parfois aussi des graines de chardon, de bardane, de pavot et de laitue.

Cet oiseau niche dans le nord de l'Europe et construit son nid très-artistement. Ce dernier est caché entre les branches d'un pin et se compose de radicelles, de mousse et de lichen; l'intérieur est proprement tapissé avec de la laine mêlée à des plumes de lagopèdes : c'est sur cette chaude litière que reposent les trois ou quatre œufs que pond la femelle.

Le tarin grisâtre n'est qu'une variété climatique du *C. linaria*, propre au nord de l'Europe.

I.

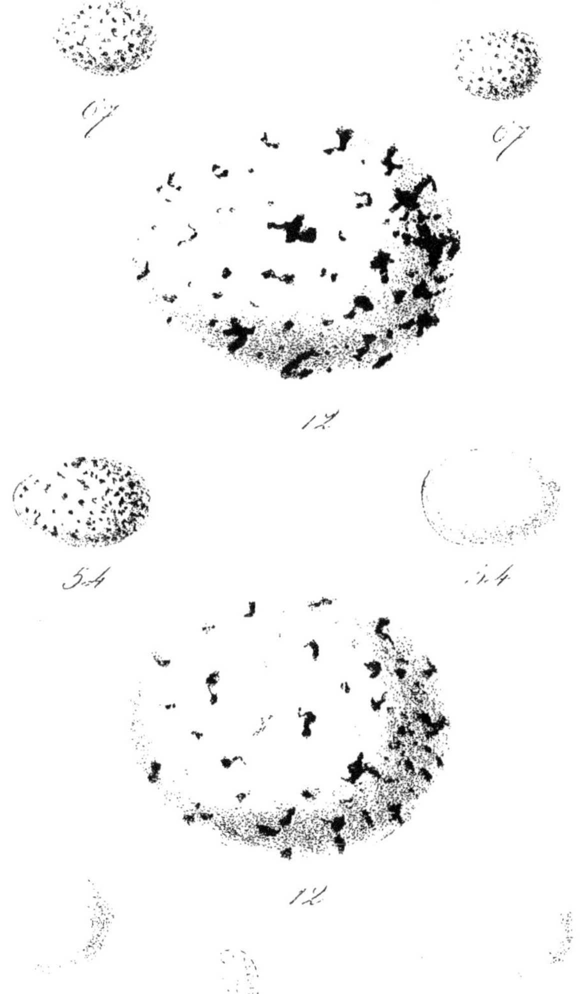

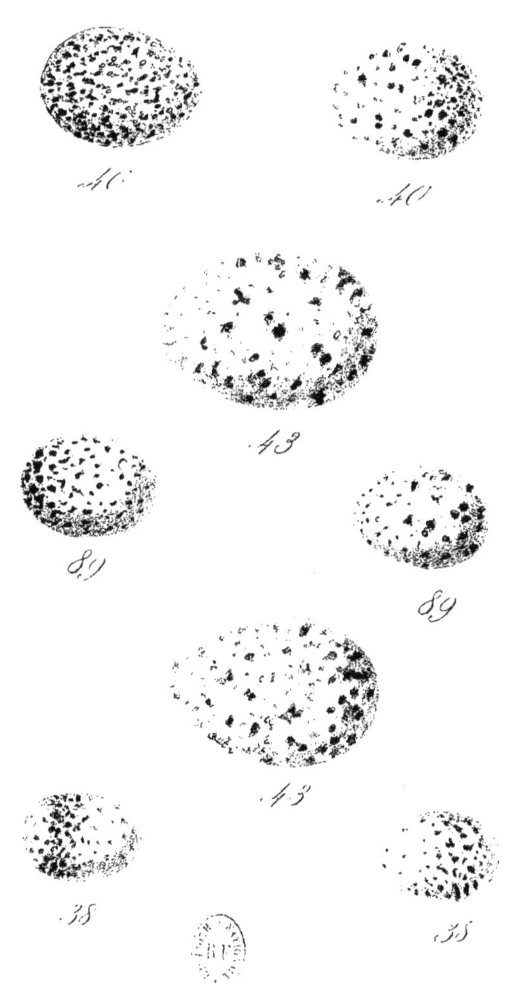
40
40
43
89
89
43
38
38

III

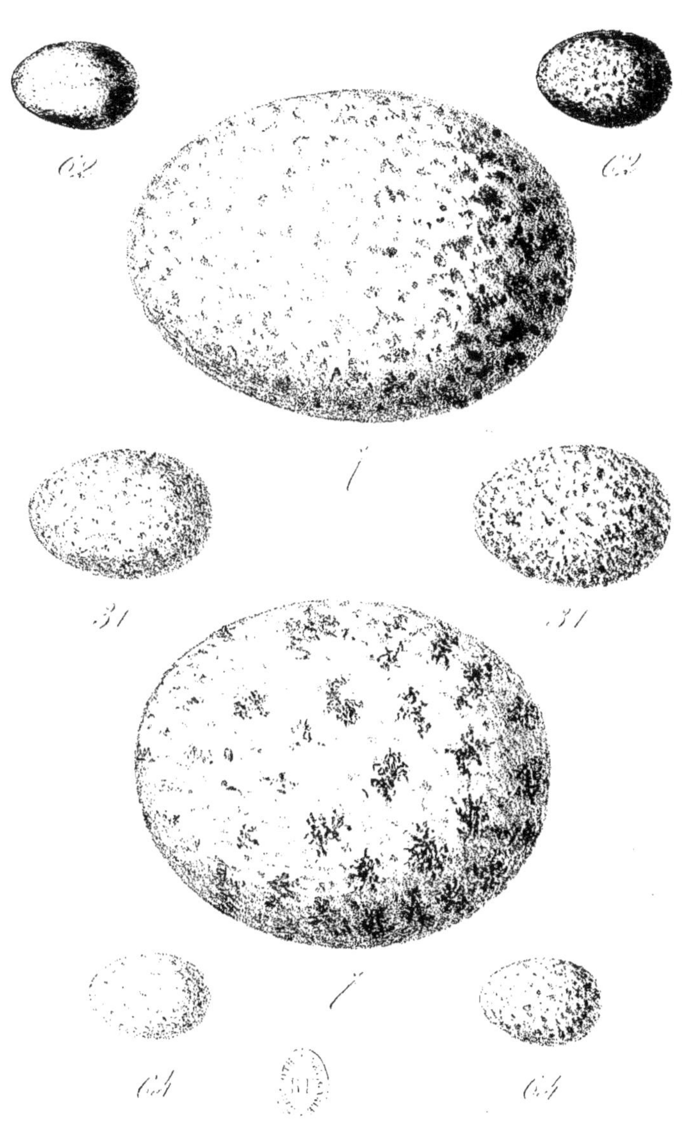

IV.

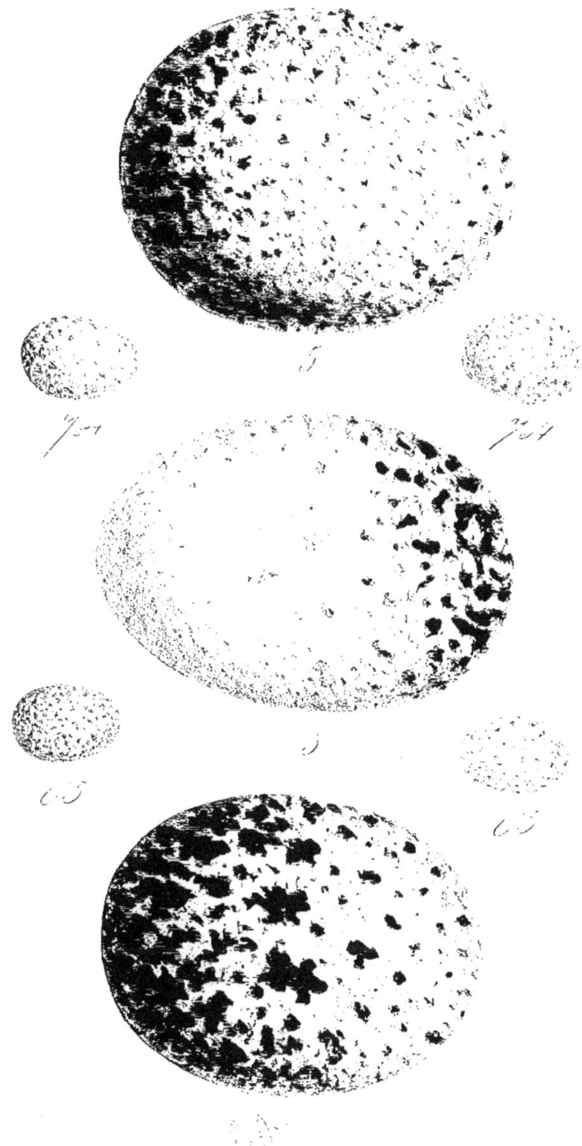

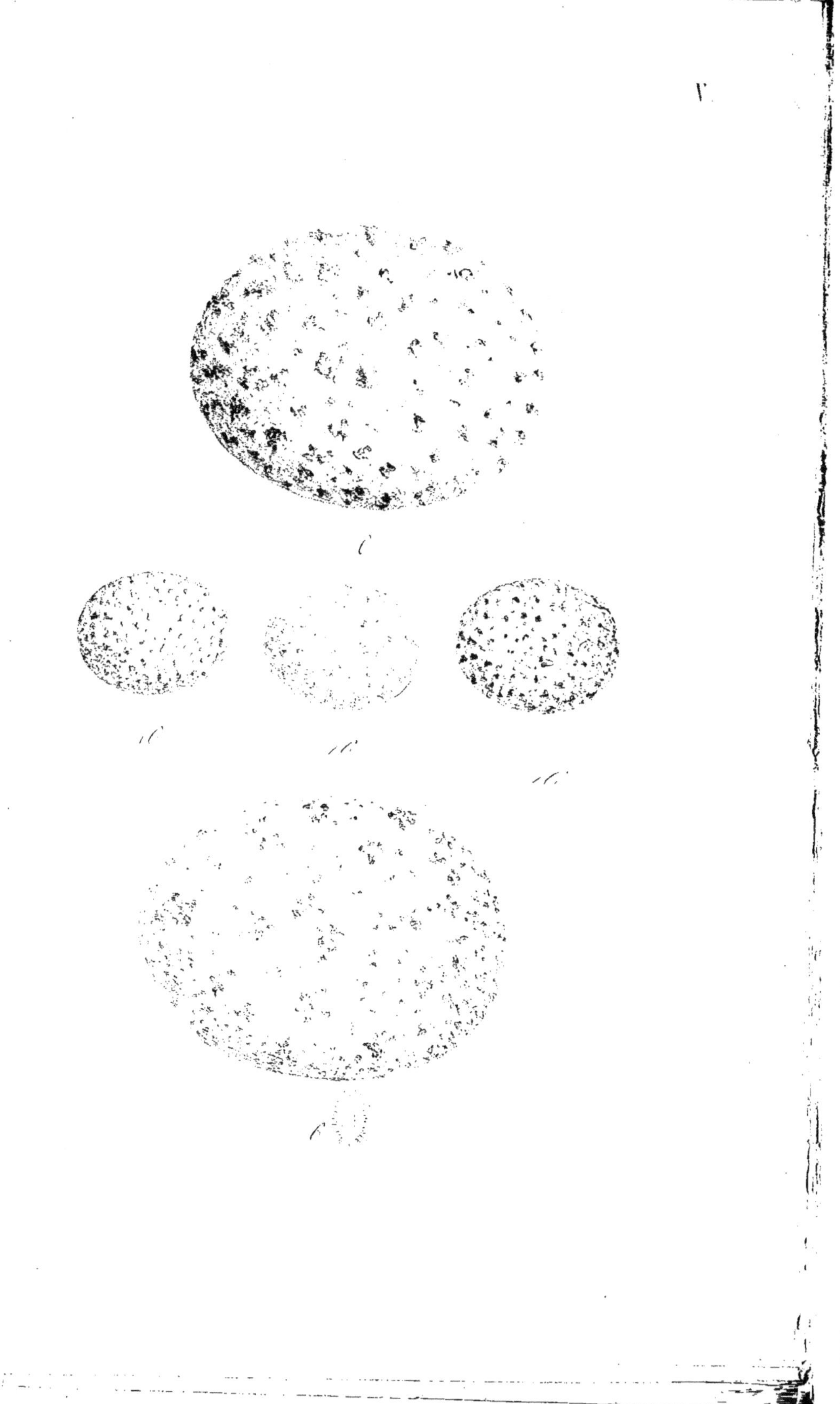

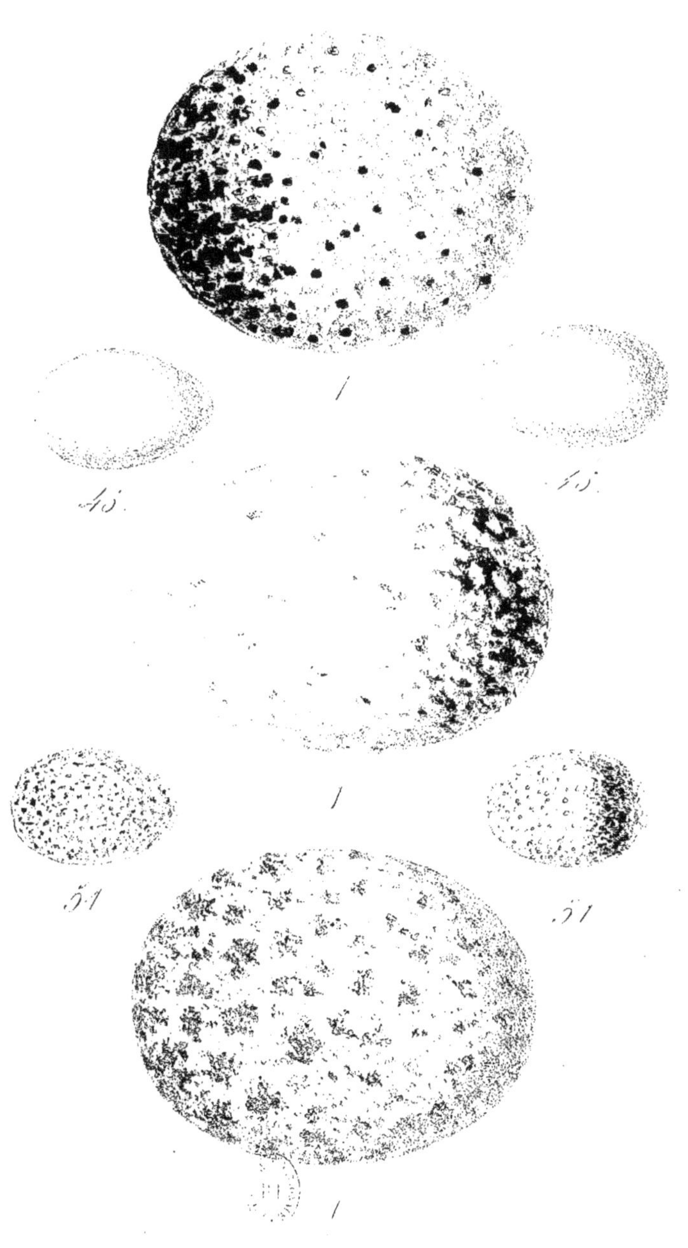
1
45.
45.
1
51
51
1

VII

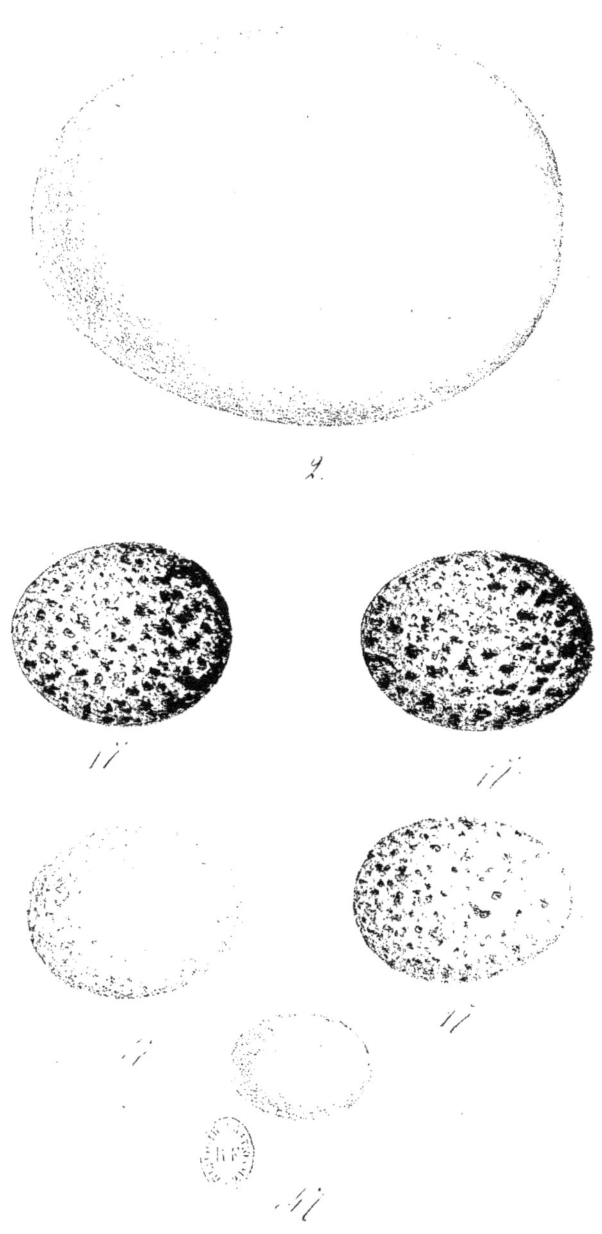

VIII.

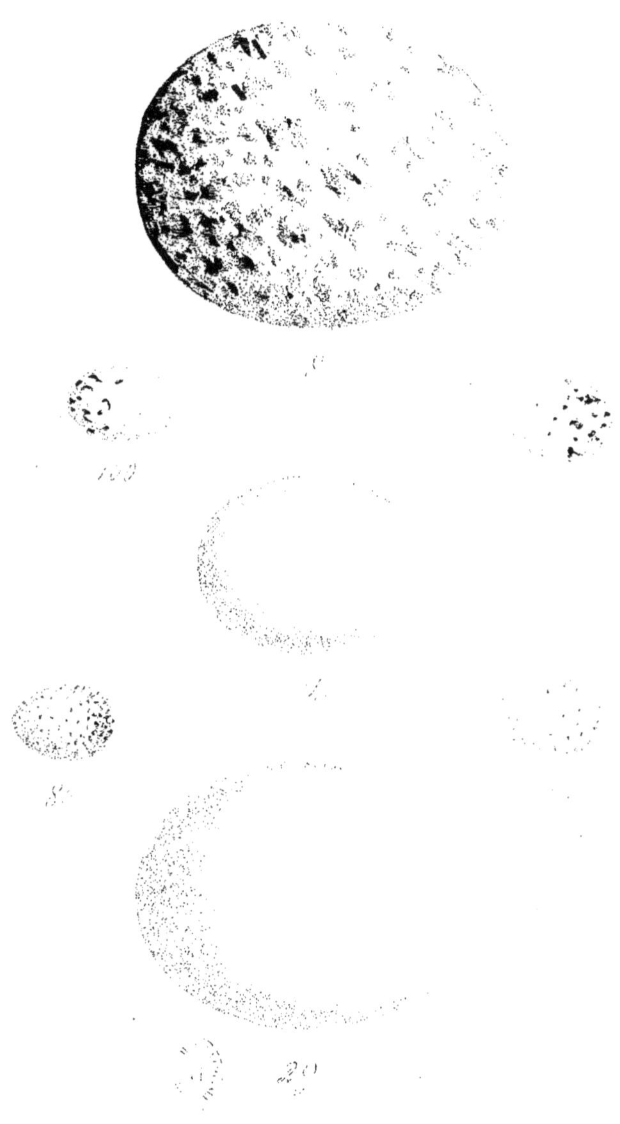

IX.

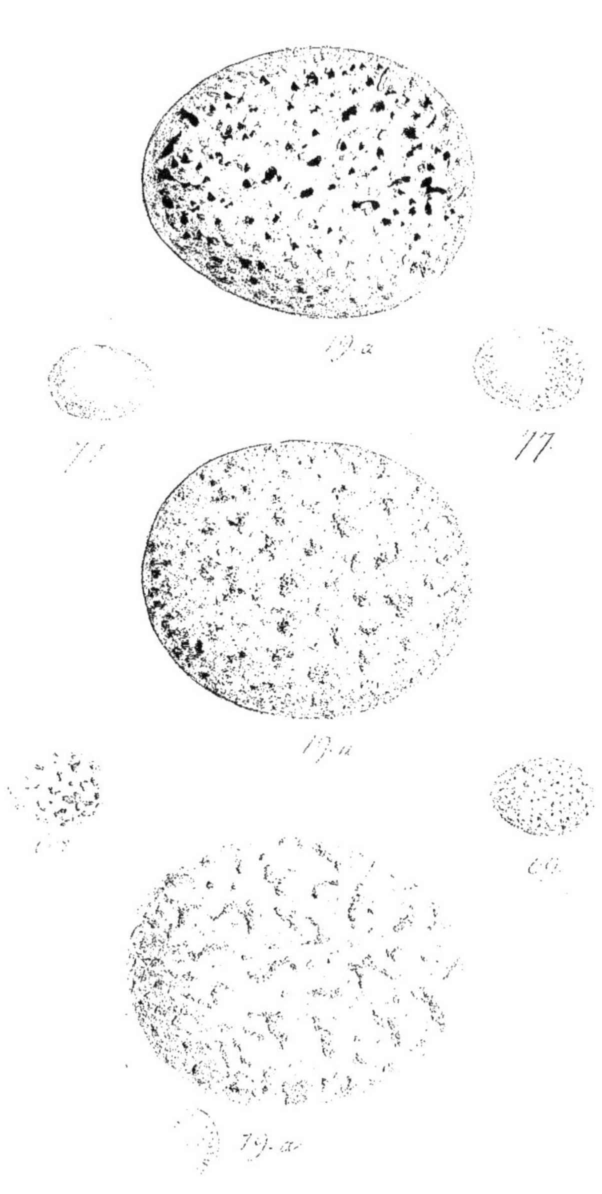

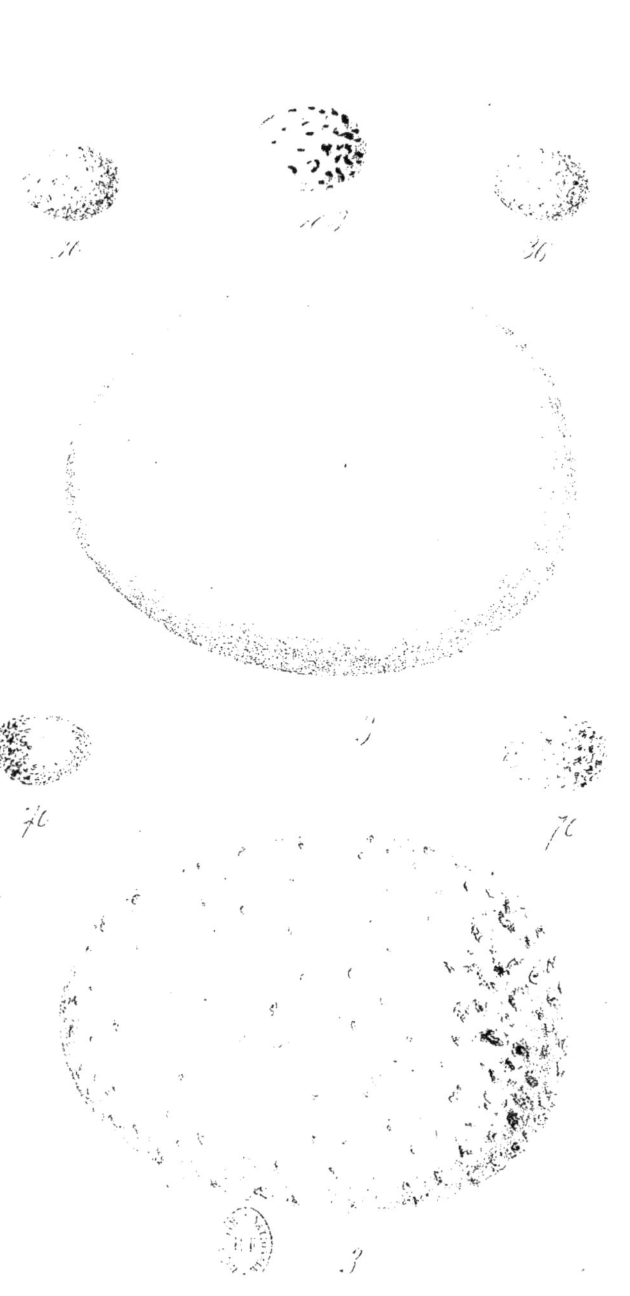

XI.

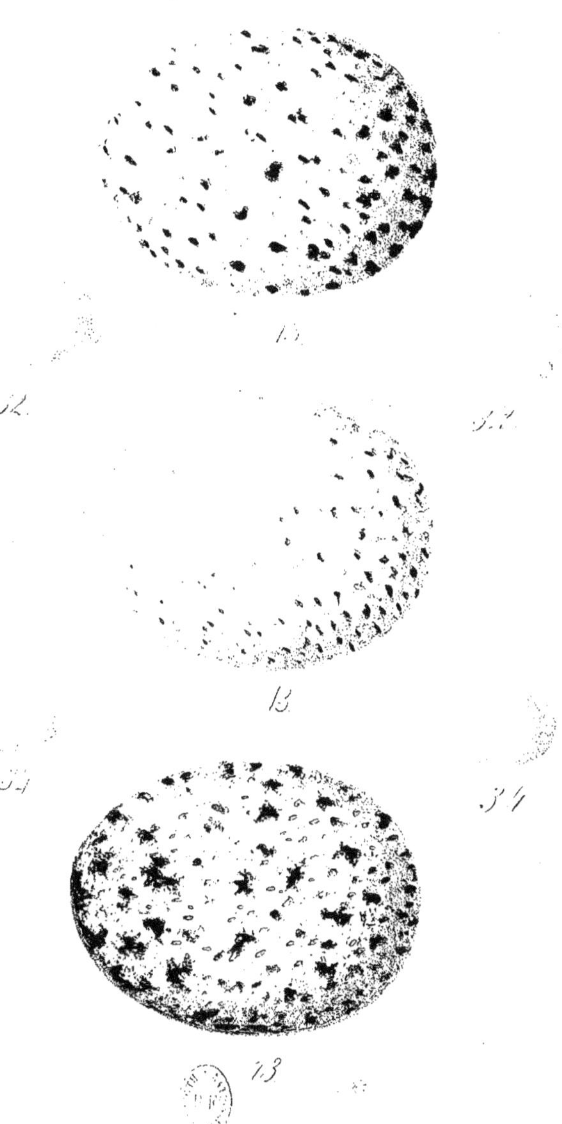

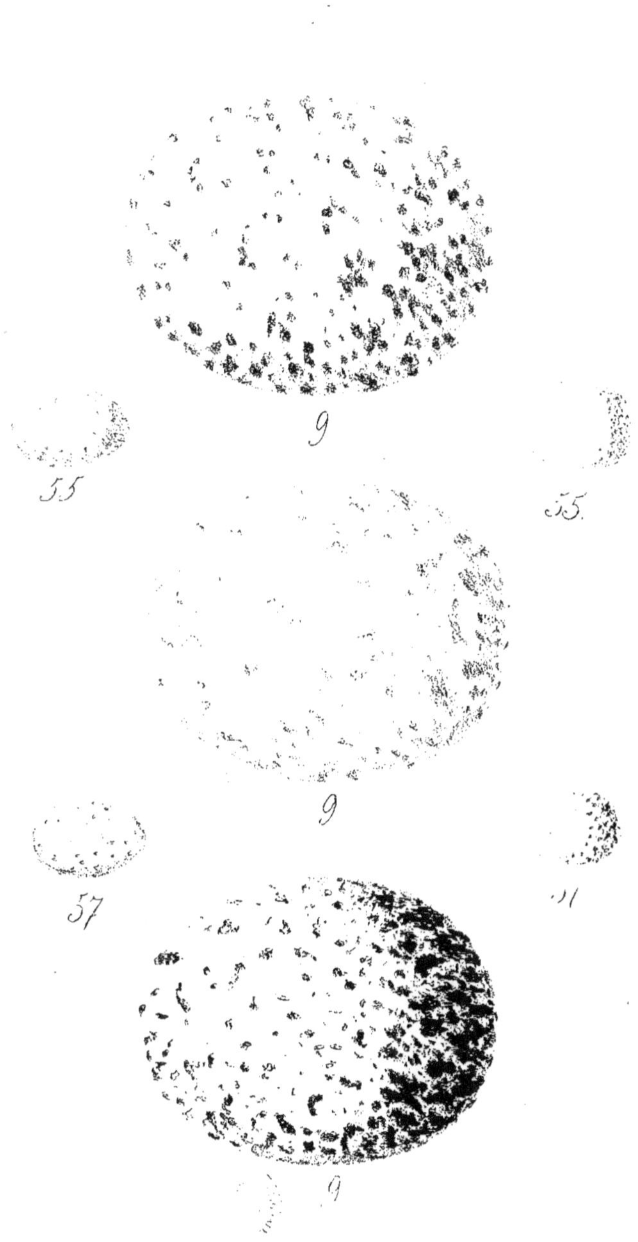
9
55
55.
9
57
9

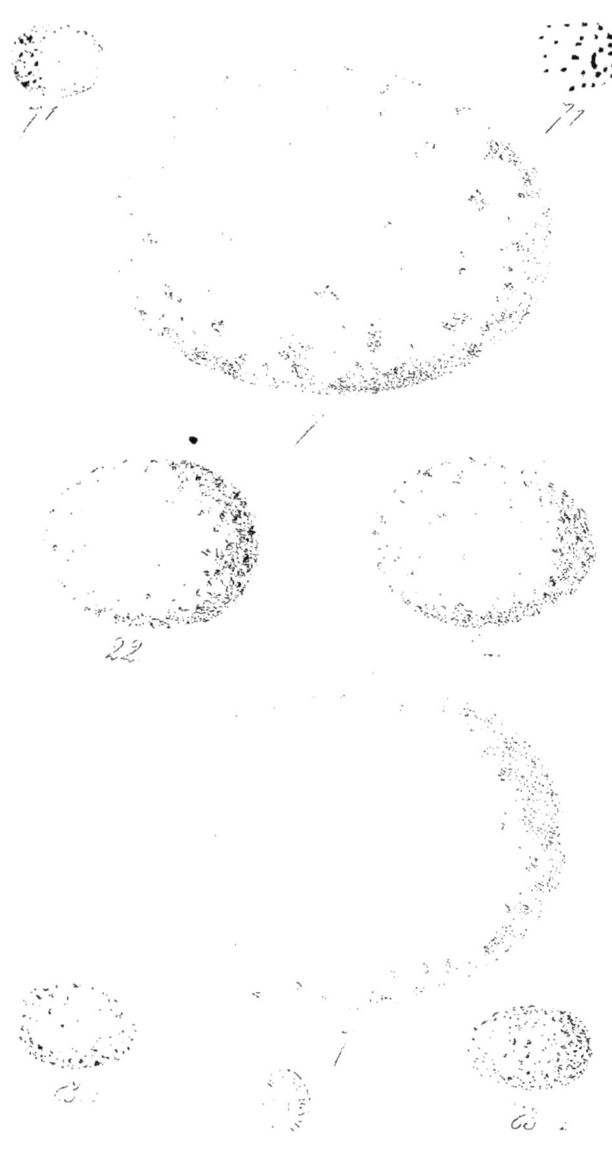

XIV

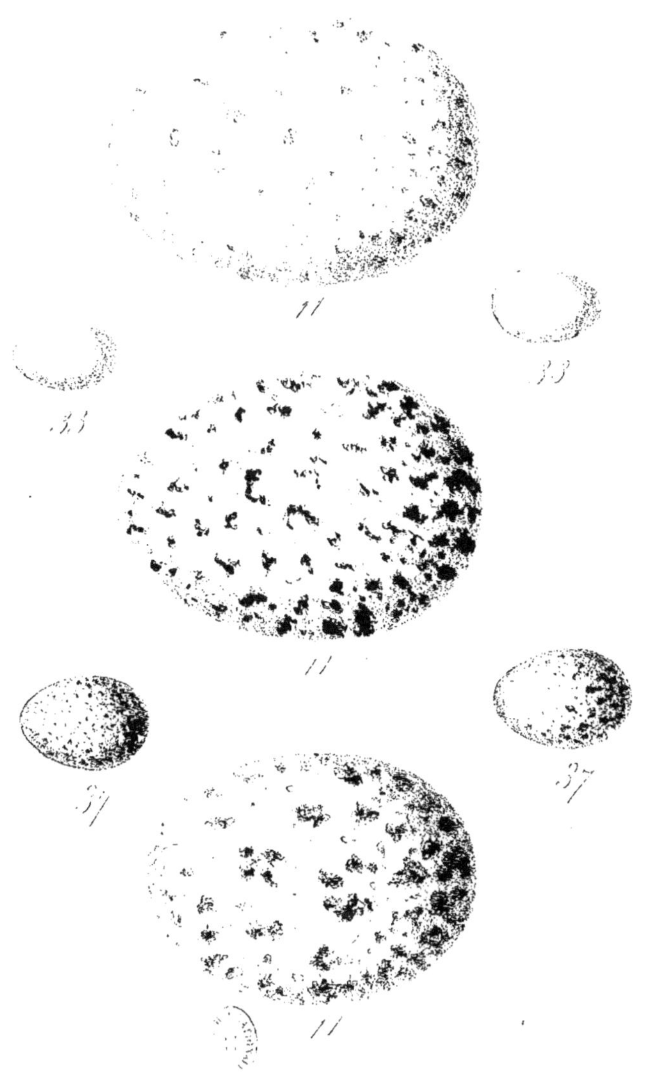

XIV.

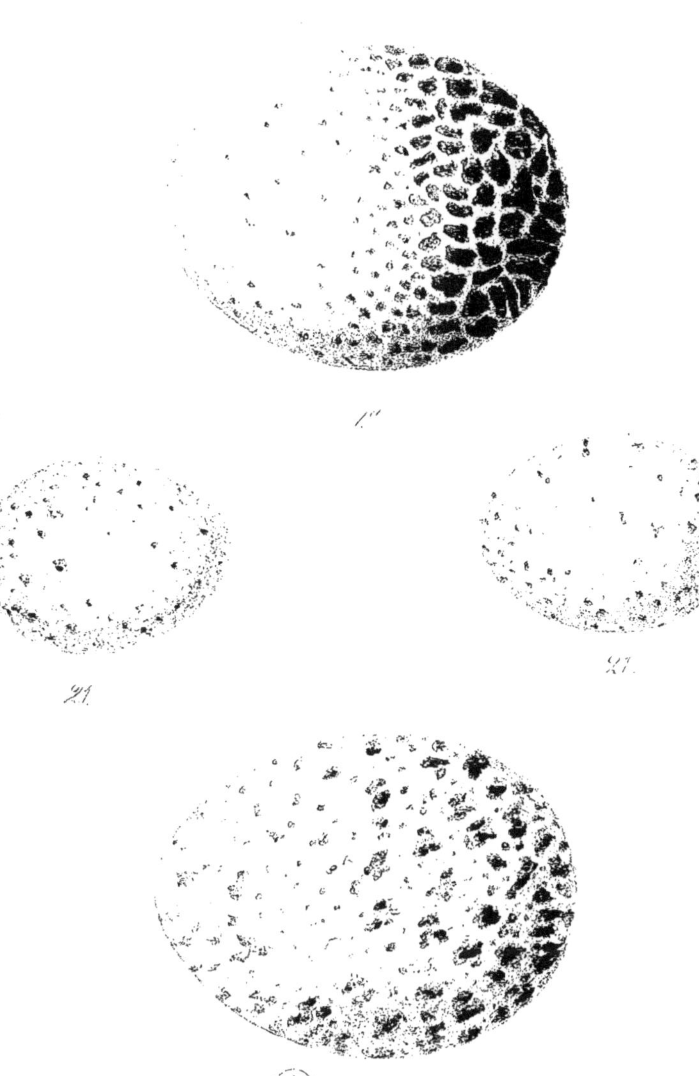

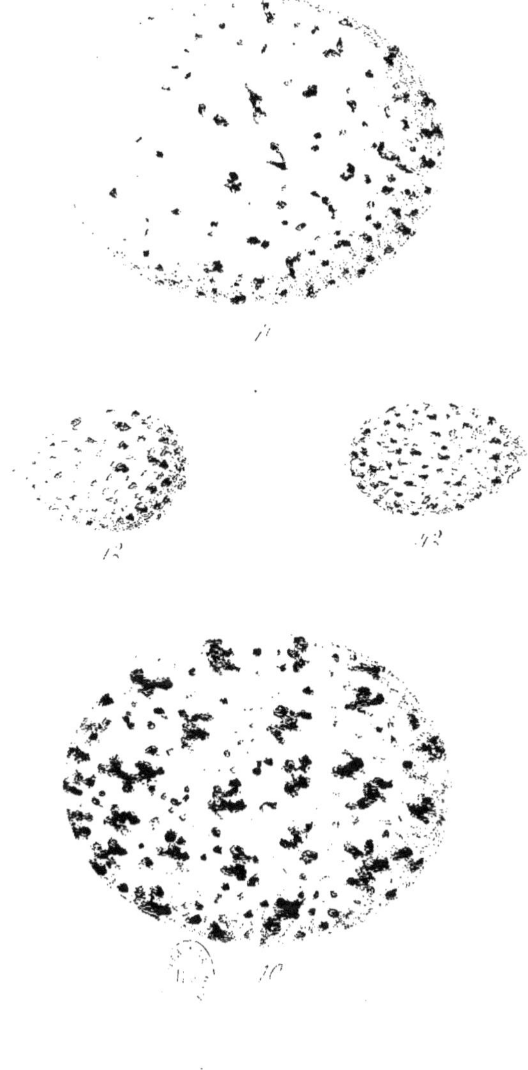

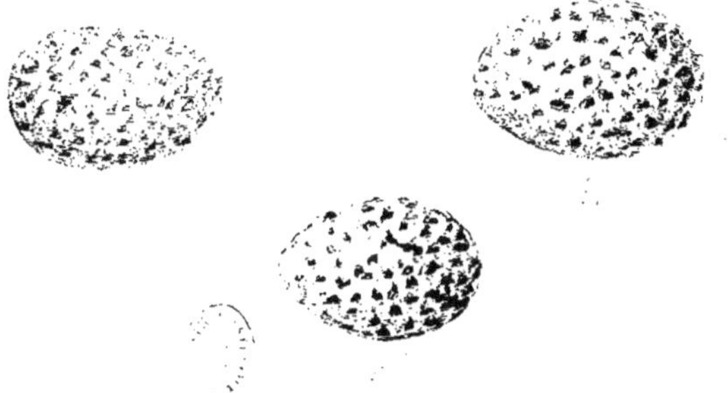

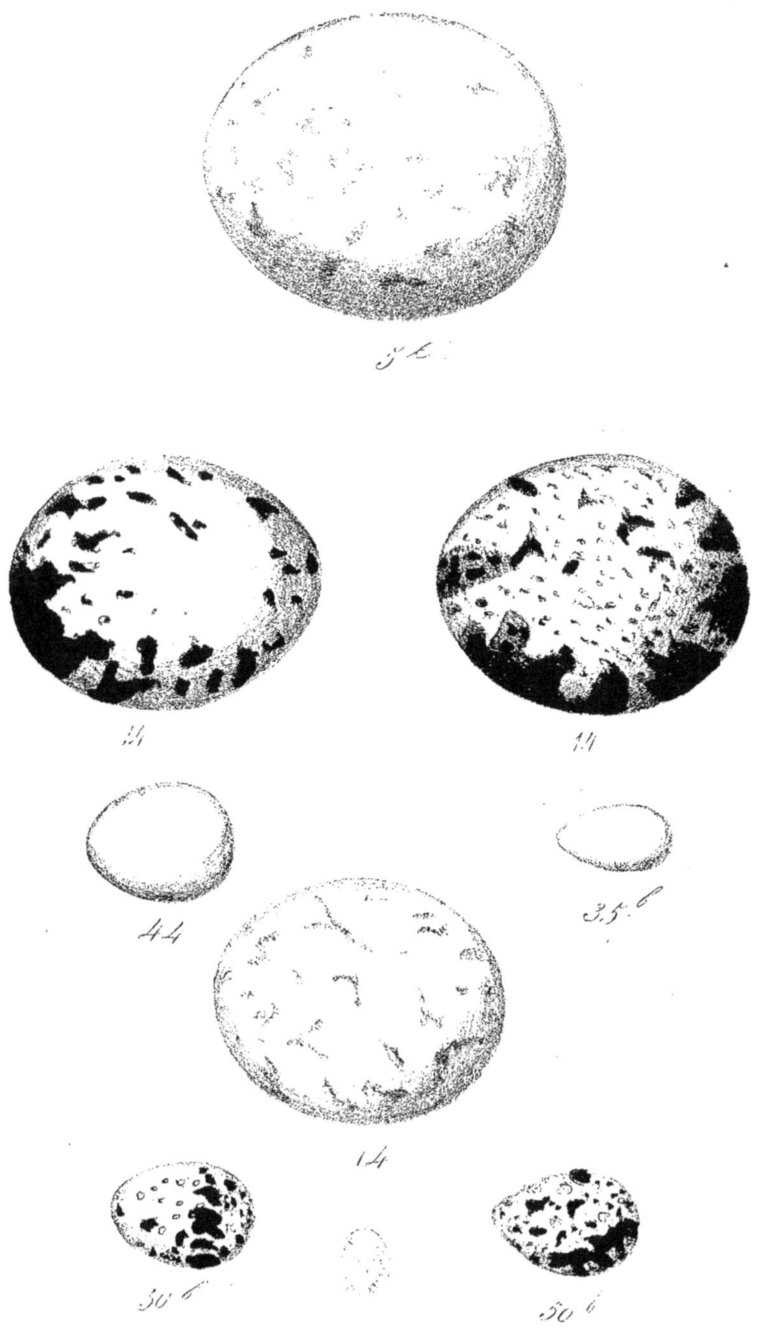

XVIII.

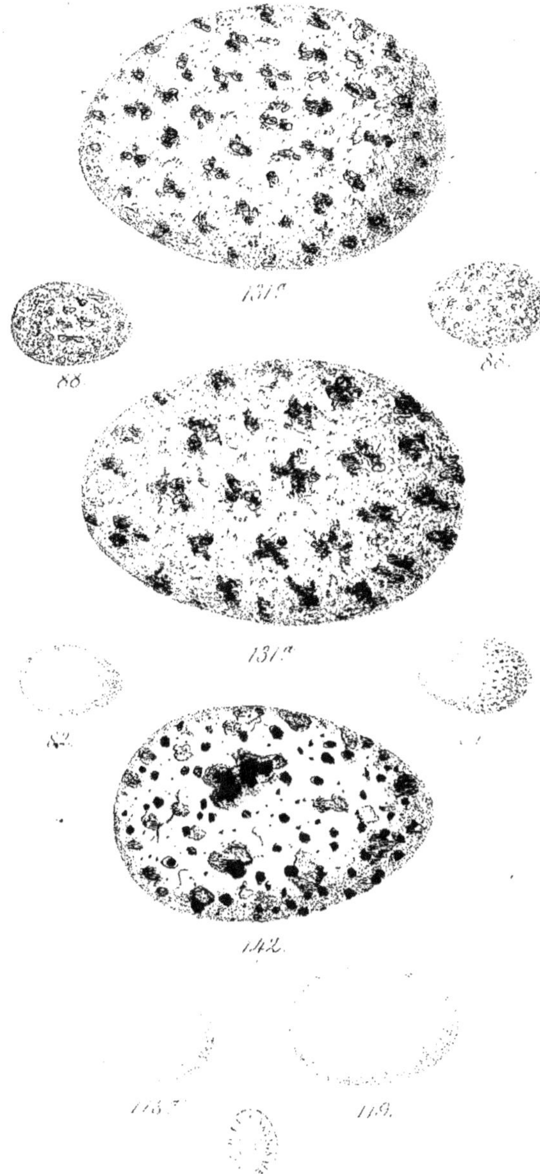

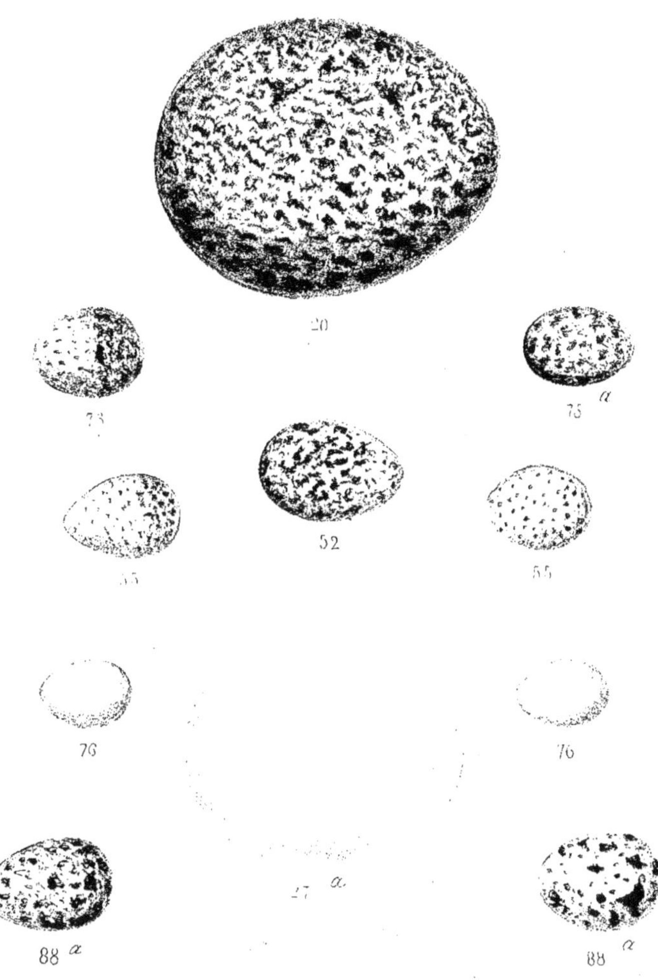

APPEL AUX ORNITHOLOGISTES.

Avant de terminer le premier volume de notre ouvrage sur les *Oiseaux de l'Europe non observés en Belgique*, nous faisons un appel à nos honorables confrères, pour pouvoir combler les lacunes qui pourraient se trouver dans notre publication.

Notre but est d'offrir au public une ornithologie complète des oiseaux de l'Europe et de ceux qui s'y montrent accidentellement. Nous avons jusqu'ici figuré et décrit les mœurs, la propagation et la distribution géographique de tous les oiseaux qui habitent ou qui se montrent en Belgique, plus la majeure partie des espèces de l'Europe non observés dans ce pays. Mais, comme depuis plusieurs années, la faune européenne s'est considérablement enrichie d'espèces nouvelles pour le continent, il se peut fort bien que l'apparition de plusieurs d'entre elles ne soit pas parvenue à notre connaissance. C'est pour cette raison, que nous prions instamment nos collègues de vouloir bien nous venir en aide, en nous adressant les renseignements sur les espèces nouvellement découvertes et qui ne sont pas mentionnées dans le présent catalogue.

Il est bien entendu que nous n'acceptons que des données certaines; il ne suffit pas qu'on ait vu un oiseau voler ou perché sur un arbre pour qu'on puisse toujours dire à quelle espèce il appartient; aussi n'acceptons-nous que des renseignements indiquant au juste le lieu et autant que possible l'époque où l'espèce aura été prise. Toutefois, nous laisserons l'auteur responsable de sa découverte en la publiant sous son nom.

Nous comptons de cette manière pouvoir clore pour le mois de décembre prochain, le premier volume de la seconde série, et présenter ainsi aux ornithologistes un travail qui sera, nous l'espérons, l'un des plus complets en son genre qui ait paru en Europe.

Nous avons cru convenable de remplacer quelques dénominations latines peu ou point en rapport avec l'oiseau, par d'autres plus conformes; le lecteur reconnaîtra aisément la justesse de ces changements. D'autre part, les noms français, ont été mis, autant que possible, en rapport avec les noms latins par une traduction littérale.

Bruxelles, mai 1865.

CH.-F. DUBOIS.

CATALOGUE SYSTÉMATIQUE

DES

OISEAUX DE L'EUROPE.

1	*Neophron stercorarius, *Dubois*.	Néophron des fumiers.
2	*Vultur fulvus, *Brisson*.	Vautour fauve.
3	* — Kolbii, *Latham*.	— de Kolbe. †
4	* — cinereus, *Gmelin*.	— cendré. †
5	* — auricularis, *Daudin*.	— oreillard. †
6	*Gypaetos barbatus, *Cuvier*.	Gypaéte barbu.
7	Haliætus albicilla, *Gray*.	Pygargue à queue blanche.
8	* — leucocephalus, *Bonaparte*.	— leucocéphale. †
9	* — Pallasi, *Dubois*. (H. leucoryphus.)	— de Pallas. †
10	Pandion fluviatilis, *Vieillot*.	Balbuzard fluviatile.
11	*Aquila chrysætos, *Pallas*.	Aigle doré.
12	— fulva, *Savigny*.	— fauve.
13	* — imperialis, *Boie*.	— impérial.
14	* — Bonellii, *Temminck*.	— Bonelli.
15	— Nœvia, *Brisson*.	— criard.
16	* — clanga, *Pallas*.	— sonneur. †
17	* — rapax, *Temminck*.	— ravisseur.
18	* — pennata, *Brehm*.	— botté.
19	Circætus gallicus, *Vieillot*.	Circaéte des serpents.
20	Buteo vulgaris, *Cuvier*.	Buse vulgaire.
21	*Buteo Delalandi, *des Murs*. (B. tachardus.)	— Delalande.
22	* — leucurus, *Naumann*.	— à queue blanche.
23	— lagopus, *Hemprich*.	— pattue.
24	Pernis apivorus, *Cuvier*.	Bondrée apivore.
25	Elanus melanopterus, *Leach*.	Elanion mélanoptère.

26	Milvus regalis, *Brisson.*	Milan royal.
27	— fusco-ater, *Hemprich.*	— noir-brun.
28 *	— parasiticus, *Daudin.*	— parasite.
29 *	— furcatus, *Jennys.*	— à queue fourchue.
30	Cerchneis tinnunculus, *Brehm.*	Créccrelle des clochers.
31 *	— tinnunculoïdes, *Boie.*	— cresserellette.
32 *	— rubripes, *Dubois.* (Falco rufipes.)	— à pieds rouges.
33	Falco peregrinus, *Brisson.*	Faucon pèlerin.
34 *	— candicans, *Gmelin.*	— blanc.
35 *	— islandicus, *Brunnich.*	— d'Islande.
36 *	— gyrfalco, *Linné.*	— gerfaut.
37 *	— lanarius, *Belon.*	— lanier.
38 *	— sacer, *Linné.*	— sacré.
39	— subuteo, *Linné.*	— hobereau.
40 *	— eleonorae, *Géné.*	— éléonore.
41 *	— concolor, *Temminck.*	— concolore.
42 *	— ardosiaceus, *Vieillot.*	— ardoisé. †
43	— æsalon, *Linné.*	— émérillon.
44	Astur palumbarius, *Hemprich.*	Autour des ramiers.
45	Nisus communis, *Cuvier.*	Épervier commun.
46 *	— major, *Brehm.*	— major. †
47 *	— gabar, *Cuvier.*	— gabar.
48 *	— badius, *Dubois.* (Falco badius.)	— badien. †
49	Circus rufus, *Brisson.*	Busard des marais.
50	— Montagui, *Vieillot.*	— Montagu.
51	— cyaneus, *Cuvier.*	— bleuâtre.
52	— pallidus, *Sykens.*	— blafard.
53	Strix funerea, *Gmelin.*	Chouette épervier.
54 *	— uralensis, *Pallas.*	— de l'Oural.
55 *	— nivea, *Daudin.*	— des neiges.
56 *	— lapponica, *Retzius.*	— lapone.
57	— Tengmalmi, *Gmelin.*	— Tengmalm.
58	— noctua, *Retzius.*	— chevèche.
59 *	— meridionalis, *Brehm.* (*V. C.*)	— méridionale.
60 *	— pusilla, *Daudin.*	— poussin.
61	— flammea, *Linné.*	— effraie.
62	— aluco, *Linné.*	— hulotte.
63	Otus maximus, *Dubois.* (Strix bubo.)	Hibou grand-duc.
64 *	— sibirica, *Leach.* (*V. C.*)	— sibérien.
65 *	— ascalaphus, *Cuvier.*	— ascalaphe.
66	— medius, *Cuvier.*	— moyen-duc.
67	— brachyotus, *Cuvier.*	— brachyote.
68	— scops, *Schlegel.*	— scops.

69	Caprimulgus vulgaris, *Vieillot.*	Engoulevent vulgaire.
70 *	— ruficollis, *Temminck.*	— à collier roux.
71	Cypselus murarius, *Temminck.*	Martinet des murailles.
72 *	— alpinus, *Temminck.*	— alpin.
73	Chelidon urbica, *Boie.*	Chélidon des fenêtres.
74	Hirundo riparia, *Linné.*	Hirondelle des rivages.
75 *	— rupestris, *Linné.*	— des rochers.
76	— rustica, *Linné.*	— des cheminées.
77 *	— Savignii, *Leach.* (*V. C.*)	— Savigny.
78 *	— rufula, *Temminck.*	— ruféline.
79 *	— senegalensis, *Linné.*	— sénégalaise.
80 *	— purpurea, *Linné.*	— pourprée. †
81	Muscicapa grisola, *Linné.*	Gobe-mouche gris.
82	— albicolis, *Temminck.*	— à collier blanc.
83	— luctuosa, *Temminck.*	— à dos noir.
84 *	— rufigularis, *Brehm.*	— gorge-rousse.
85	Bombycilla garrula, *Vieillot.*	Jaseur garrule.
86	Lanius collurio, *Linné.*	Pie-grièche écorcheur.
87 *	— phœnicurus, *Pallas*	— phœnicure. †
88 *	— tchagra, *Schlegel.*	— tchagra.
89 *	— personatus, *Temminck.*	— masqué.
90	— ruficeps, *Bechstein.*	— à tête rousse.
91	— nigrifrons, *Brehm.*	— à front noir.
92 *	— meridionalis, *Temminck.* (*V. C.*)	— méridionale.
93	— excubitor, *Linné.*	— réveilleuse.
94 *	Cyanopica melanocephala, *Dubois.*	Cyanopie mélanocéphale.
95	Pica vulgaris, *Cuvier.*	Pie vulgaire.
96	Garrulus glandarius, *Vieillot.*	Geai glandivore.
97 *	— melanocephala, *Géné.* (*V. C.*)	— mélanocéphale.
98 *	— iliceti, *Brandt.* (*V.C.*).	— ilicète.
99 *	— infaustus, *Vieillot.*	— sinistre.
100	Corvus corax, *Latham.*	Corbeau coicre.
101	Cornix cinerea, *Brisson.*	Corneille cendrée.
102	— nigra, *Klein.*	— noire.
103	— frugilega, *Ray.*	— freux.
104	Monedula turrium, *Brehm.*	Choucas des clochers.
105 *	Pyrrhocorax alpinus, *Cuvier.*	Chocard alpin.
106	Fregilus graculus, *Cuvier.*	Grave ordinaire.
107	Nucifraga caryocatactes, *Brisson.*	Casse-noix taché.
108	Coracias garrula *Linné.*	Rollier garrule.
109	Oriolus galbula, *Linné.*	Loriot jaune.
110	Sturnus vulgaris, *Linné.*	Etourneau vulgaire.
111 *	— unicolor, *de la Marmora.* (*V. C.*)	— unicolor.

112	Pastor roseus, *Temminck.*	Martin roselin.
113	Turdus aureus, *Hollandre.*	Grive dorée.
114 *	— varius, *Horsf.*	— variée. †
115	— viscivorus, *Linné.*	— draine.
116	— pilaris, *Linné.*	— litorne.
117	— fuscatus, *Pallas.*	— à ailes rousses.
118 *	— ruficollis, *Pallas.*	— à gorge rousse.
119 *	— migratorius, *Linné.*	— erratique.
120 *	— sibiricus, *Pallas.*	— sibérienne.
121 *	— felivox, *Bonaparte.*	— chat.
122	— Naumanni, *Temminck.* (*Var.*)	— Naumann.
123	— musicus, *Linné.*	— chanteuse.
124	— pallidus, *Latham.*	— pâle.
125	— minor, *Gmelin.*	— petite.
126 *	— Wilsonii, *Bonaparte.*	— de Wilson.
127 *	— solitarius, *Wilson.*	— solitaire.
128	— iliacus, *Linné.*	— mauvis.
129	— merula, *Linné.*	— noire.
130	— atrigularis, *Temminck.*	— à gorge noire.
131	— torquatus, *Linné.*	— à plastron blanc.
132	* Orpheus rufus, *Sweinson.*	Orphé ferrugineux.
133	* Ixos obscurus, *Temminck.*	Turdoïde obscur.
134	Petrocincla saxatilis, *Vigors.*	Pétrocincle des roches.
135 *	— cyanea, *Vigors.*	— bleu.
136	Saxicola cinerea, *Dubois.* (S. œnanthe.)	Motteux cendré.
137 *	— orientalis, *Brehm.* (*V. C.*)	— oriental.
138 *	— leucura, *Keys.* et *Blas.*	— à queue blanche.
139 *	— leucomela, *Temminck.*	— leucomèle.
140 *	— lugens, *Lichtenstein.* (*V.C.*)	— de deuil.
141 *	— atrogularis, *Dubois.*	— à gorge noire.
142 *	— aurita, *Temminck.*	— oreillard.
143	Pratincola rubetra, *Koch.*	Traquet tarier.
144	— rubicola, *Koch.*	— rubicole.
145	Ruticilla phœnicurus, *Bonaparte.*	Rouge-queue des murailles.
146	— atrata, *Brehm.*	— noirâtre.
147 *	— aurora, *Brehm.* (*V.C.*)	— aurore
148 *	— erythrogastra, *Brehm.* (*V.C*)	— à ventre rouge.
149 *	— Cairii, *Gerbe.*	— de Caire.
150 *	— Moussieri, *Tristram.*	— Moussier.
151	Erithacus cyanecula, *Cuvier.*	Rubiette gorge-bleue.
152	— obscurus, *Brehm.* (*Var.*)	— obscure.
153	— Wolfii, *Brehm.* (*Var.*)	— Wolfi.
154	— suecica, *Degland.* (*V. C.*)	— suédoise.

155	*Erithacus ignigularis, *Dubois* (E. calliope).	Rubiette gorge de feu.
156	— rubecula, *Degland*.	— rouge-gorge.
157	— luscinia, *Cuvier*.	— rossignol.
158 *	— philomela, *Degland*.	— philomèle.
159	Accentor alpinus, *Bechstein*.	Accenteur des Alpes.
160	— modularis, *Temminck*.	— mouchet.
161 *	— montanellus, *Temminck*.	— montagnard.
162	Sylvia atricapilla, *Latham*.	Fauvette à tête noire.
163	— orphea, *Temminck*.	— orphée.
164 *	— nisoria, *Bechstein*.	— rayée.
165	— hortensis, *Bechstein*.	— des jardins.
166	— cinerea, *Latham*.	— grise.
167	— garrula, *Bechstein*.	— babillarde.
168 *	— melanocephala, *Latham*.	— mélanocéphale.
169 *	— Ruppellii, *Temminck*.	— Rüppel.
170 *	— subalpina, *Bonnel*.	— subalpine.
171 *	— conspicillata, *de la Marmora*. (*V. C.*)	— à lunettes.
172 *	— sarda, *de la Marmora*. (*V. C.*)	— sarde.
173 *	— provincialis, *Temminck*.	— de Provence.
174	Troglodytes vulgaris, *Temminck*.	Troglodyte ordinaire.
175	Ficedula rufa, *Koch*.	Bec-fin véloce.
176	— Nattereri, *Dubois*.	— Natterer.
177	— fitis, *Koch*.	— fitis.
178	— sylvicola, *Dubois*.	— sylvicole.
179	*Sylvicola atrigularis, *Dubois*. (S. virens.)	Sylvicole à gorge noire.
180	Hippolais salicaria, *Bonaparte*.	Hippolais contrefaisant.
181	— polyglotta, *Sélys*.	— polyglotte.
182 *	— pallida, *Ehrenberg*.	— pâle.
183 *	— olivetorum, *von der Mühle*.	— des oliviers. †
184	*Agrobates rubiginosus, *Dubois*.	Agrobate rubigineux.
185 *	— familiaris, *Brehm*. (*Var.*)	— familier.
186	Calamoherpe locustella, *Boie*.	Rousserolle locustelle.
187	— luscinoides, *Dubois*.	— luscinoïde.
188	— obscurocapilla, *Dubois*. (*Var.*)	— à tête foncée.
189	— arundinacea, *Boie*.	— des roseaux.
190	— turdina, *von Homeyer*.	— turdide.
191	— palustris, *Boie*.	— des marais.
192	— phragmitis, *Boie*.	— phragmite.
193	— aquatica, *Boie*.	— aquatique.
194 *	— melanopogon, *Bonaparte*. (*V.C.*)	— à moutaches noires.
195 *	— cetti, *Boie*.	— cetti.
196 *	— caligata, *Degland*.	— bottée. †
197 *	— certhiola, *Boie*.	— certhiole. †

198	*Calamoherpe cysticola, *Dubois.*	Rousserolle cysticole. †
199	Calamophilus barbatus, *Keyst.* et *Blas.*	Calamophile à moustaches.
200	Mecistura longicauda, *Dubois.*	Mécisture à longue queue.
201	*Aegithalus pendulinus, *Boie.*	Egithale pendulin.
202	Parus palustris, *Linné.*	Mésange des marais.
203 *	— Sibirica, *Gmelin.* (*V. C.*)	— sibérienne.
204 *	— lugubris, *Natterer.*	— lugubre.
205	— cristatus, *Linné.*	— huppée.
206	— abietum, *Brehm.*	— des sapins.
207	— major, *Linné.*	— charbonnière.
208	— cæruleus, *Linné.*	— bleue.
209 *	— cyanus, *Pallas.*	— azurée.
210	Regulus vulgaris, *Stephens.*	Roitelet ordinaire.
211	— ignicapillus, *Naumann.*	— tête de feu.
212 *	— calendula, *Lichtenstein.*	— calendule. †
213 *	— modestus, *Gould.*	— modeste.
214	Motacilla cinerea, *Brisson.*	Hoche-queue gris.
215	— lugubris, *Temminck.* (*Var.*)	— lugubre.
216 *	— lugens, *Lichtenstein.*	— deuil.
217	— boarula, *Gmelin.*	— boarule.
218 *	— citreola, *Pallas.*	— citrine.
219	— flava, *Linné.*	— jaune.
220	— cinereacapilla, *Savi.* (*V. C.*)	— à tête grise.
221	— melanocephala, *Lichtenstein.*	— à tête noire.
222	— flaveola, *Gould.* (*V. C.*)	— flavéole.
223	Anthus aquaticus, *Bechstein.*	Pipit aquatique.
224	— rupestris, *Nilson.* (*Var.*)	— des roches.
225	— Richardi, *Vieillot.*	— Richard.
226	— campestris, *Bechstein.*	— des champs.
227	— pratensis, *Bechstein.*	— des prés.
228 *	— pensylvanicus, *Brisson.*	— de Pensylvanie.
229	— rufigularis, *Brehm.*	— à gorge rousse.
230	— arboreus, *Bechstein.*	— des arbres.
231	*Certhilauda Duponti, *Bonaparte.*	Certhalouette Dupont.
232 *	— bifasciata, *Bonaparte.*	— à double bande.
233	Alauda alpestris, *Linné.*	Allouette alpine.
234	— cristata, *Linné.*	— huppée.
235	— arborea, *Linné.*	— des bois.
236	— arvensis, *Linné.*	— des champs.
237	— cantarella, *Bonaparte.* (*Var.*)	— cantarelle.
238	— calandrella, *Savi.*	— calandrelle.
239 *	— isabellina, *Temminck.*	— isabelline.
240	Calandra bimaculata, *Dubois.* (Alauda calandra.)	Calandre bimaculée.

241	Calandra nigra, *Dubois*. (Alauda nigra.)	Calandre nègre.
242	— leucoptera, *Dubois*. (A. leucoptera.)	— leucoptère.
243	Plectrophanes calcaratus. *Meyer*.	Plectrophane montain.
244	— nivalis, *Meyer*.	— de neige.
245	Emberiza miliaria, *Linné*.	Bruant proyer.
246	— citrinella, *Linné*	— jaune.
247	— hortulana, *Linné*.	— ortolan.
248	— cirlus, *Linné*.	— zizi.
249	— cia, *Linné*.	— fou.
250 *	— melanocephala, *Scopoli*.	— à tête noire.
251 *	— orysivora, *Schinz*.	— orysivore. †
252 *	— aureola, *Pallas*.	— auréolé.
253 *	— chrysophrys, *Pallas*.	— à sourcils jaunes.
254 *	— rufibarba, *Ehrenb.* et *Hempr*.	— à barbe rousse.
255 *	— striolata, *Temminck*.	— striolé.
256 *	— leucocephala, *Gmelin*.	— à tête blanche.
257 *	— rustica, *Pallas*.	— rustique.
258 *	— pusilla, *Pallas*.	— nain.
259	— schœniclus, *Linné*.	— des roseaux.
260 *	— palustris, *Savi*. (*V. C.*)	— des marais.
261	Passer campestris, *Brisson*.	Moineau friquet.
262	— domesticus, *Brisson*.	— domestique.
263 *	— cisalpinus, *Brehm*. (*V. C.*)	— cisalpin.
264 *	— hispaniolensis, *Degland*. (*V. C.*)	— espagnol.
265	— petronia, *Koch*.	— soulcie.
266	Linguriuus chloris, *Koch*.	Verdier ordinaire.
267	Serinus flavescens, *Gould*.	Serin cine.
268 *	— desertorum, *Dubois*. (S. githaginea).	— des déserts.
269 *	— aurifrons, *Dubois*.	— à front doré. †
270 *	— longicauda, *Dubois*. (Pyrrhula longicauda.)	— à longue queue.
271	Carpodacus erythrinus, *Gray*.	Carpodague cramoisi.
272 *	— roseus, *Kaup*.	— rose.
273 *	Erythrospiza phænicoptera, *Bonaparte*.	Erythrospize phænicoptère.
274 *	— caucasica, *Dubois*.	— du Caucase.
275	Crucirostra pityopsittacus, *Brehm*.	Bec-croisé des sapins.
276	— vulgaris, *Stephens*.	— ordinaire.
277	— bifasciata, *Brehm*.	— à deux bandes.
278	Corythus enucleator, *Cuvier*.	Dur-bec des pins.
279	Coccothraustes vulgaris, *Gesner*.	Gros-bec vulgaire.
280	Pyrrhula vulgaris, *Temminck*.	Bouvreuil vulgaire.
281	— coccinea, *Sélys*. (*V. C.*)	— écarlate.
282	Linota cannabina, *Bonaparte*.	Linotte ordinaire.
283	— montium, *Bonaparte*.	— de montagne.

284	*Montifringilla nivalis, *Brehm*.	Montifringille des neiges.
285	* — arctoa, *Bonaparte*.	— arctique.
286	Fringilla cœlebs, *Linné*.	Pinson ordinaire.
387	* — Moreletti, *Pucheran*. (*V. C.*)	— Morelet.
288	— montifringilla, *Linné*.	— des Ardennes.
289	Carduelis spinus, *Stephens*.	Tarin ordinaire.
290	* — citrinellus, *Dumont*.	— citrin.
291	— elegans, *Stephens*.	— chardonneret.
292	— Holbœllii, *Dubois*.	— d'Holböll.
293	* — canescens, *Risso*. (*Var.*)	— grisâtre. †
294	— linaria, *Risso*.	— sizerin.
295	— rufescens, *Dubois*.	— roussâtre.
296	Certhia familiaris, *Linné*.	Grimpereau familier.
297	Tichodroma phœnicoptera, *Temminck*.	Tichodrome aux ailes rouges.
298	Sitta cæsia, *Meyer*.	Sitelle ordinaire.
299	* — uralensis, *Lichtenstein*. (*V. C.*)	— de l'Oural.
300	* — rupestris, *Temminck*.	— de roche. †
301	Jynx torquilla, *Linné*.	Torcol verticille.
302	*Picus niger, *Brisson*.	Pic noir.
303	— major, *Linné*.	— épeiche.
304	* — cruentatus, *Linné*.	— cruentale. †
305	— leuconotus, *Meyer*.	— à dos blanc.
306	— medius, *Linné*.	— à tête rouge.
307	* — villosus, *Linné*.	— villeux.
308	— minor, *Linné*.	— petit épeiche.
309	— viridis, *Linné*.	— vert.
310	— caniceps, *Nilson*.	— à tête cendrée.
211	* — tridactylus, *Linné*.	— tridactile.
312	Cuculus canorus, *Linné*.	Coucou gris.
313	*Coccystes maculatus, *Dubois*. (Cuculus glandarius.)	Coua maculé,
314	* — americanus, *Keys.* et *Blas*.	— d'Amérique. †
315	Alcedo ispida, *Linné*.	Martin-pêcheur vulgaire.
316	* — bengalensis, *Gmelin*.	— du Bengale.
317	* — leucomelana, *Dubois*. (A. rudis.)	— leucomèle.
318	* — smyrnensis, *Gmelin*.	— de Smyrne.
319	* — alcyon, *Linné*.	— alcyon.
320	Merops apiaster, *Linné*.	Guêpier apivore.
321	* — Savignii, *Swainson*.	— Savigny.
322	* — viridissimus, *Swainson*.	— vert.
323	Upupa epops, *Linné*.	Huppe d'Europe.
324	Columba œnas, *Linné*.	Colombe colombin.
325	— livia, *Brisson*.	— de roche.
326	— palumbus, *Linné*.	— ramier.

327	* Columba migratoria, *Latham.*	Colombe voyageuse.
328	* — aegyptiaca, *Latham.*	— d'Egypte.
329	— turtur, *Linné.*	— tourterelle.
330	* — risoria, *Linné.*	— rieuse. †
331	* Pterocles setarius, *Temminck.*	Ganga à brins.
332	* — arenarius, *Temminck.*	— des sables.
333	* Syrrhaptes Pallasii, *Temminck.*	Syrrhapte de Pallas.
334	* Lagopus alpinus, *Nilson.*	Lagopède alpin.
335	* — saliceti, *Swainson.*	— des saules. †
336	* — scoticus, *Leach.* (*V. C.*)	— écossais.
337	* Tetraogallus caucasicus, *Gray.*	Tétraogalle du Caucase. †
338	Tetrao urogallus, *Linné.*	Tétras auerhan.
339	— furcatus, *Dubois.* (T. tetrix.)	— à queue fourchue.
340	Tetrastes bonasia. *Keis.* et *Blas.*	Gelinotte des coudriers.
341	Phasianus vulgaris, *Dubois.*	Faisan vulgaire.
342	— torquatus, *Temminck.* (*Var.*)	— à collier.
343	* Perdix francolinus, *Latham.*	Perdrix francolin.
344	* — græca, *Brisson.*	— grecque.
345	* — petrosa, *Latham.*	— de roche.
346	— rubra, *Brisson*	— rouge.
347	— cinerea, *Brisson.*	— grise.
348	* — virginiana, *Latham.*	— de Virginie.
349	Coturnix vulgaris, *Jardine.*	Caille ordinaire.
350	* Turnix andalusica, *Bonaparte.*	Turnix andaloux.
351	Otis barbata, *Dubois.*	Outarde barbue.
352	— tetrax, *Linné.*	— canepetière.
353	* — houbara, *Gmelin.*	— houbara. †
354	— Macqueeni, *Hardwig.*	— de Macquée.
355	Oedicnemus crepitans, Temminck.	Oedicnème criard.
356	Hæmatopus ostralegus, *Linné.*	Huîtrier ostralège.
357	Himantopus melanopterus, *Brisson.*	Échasse à manteau noir.
358	* Cursorius isabellinus, *Meyer* et *Wolf.*	Coureur isabellin. †
359	* Pluvianus melanocephalus, *Vieillot.*	Pluvian à tête noire.
360	* Charadrius spinosus, *Linné.*	Pluvier armé.
361	— auratus, *Meyer.*	— doré.
362	* — virginianus, *Jardine.*	— de Virginie. †
363	* — asiaticus, Pallas.	— asiatique. †
364	* — pyrrhothorax, *Temminck.*	— à poitrine rousse. †
365	— morinellus, *Linné.*	— guignarg.
366	— cantianus, *Linné.*	— de mer.
367	— hiaticula, *Linné.*	— à collier.
368	— minor, *Meyer.*	— petit.
369	Calidris arenaria, *Illiger.*	Sanderling des sables.

370	Strepsilas collaris, *Temminck.*	Tournepierre à collier.
371	Vanellus cristatus, *Meyer.*	Vanneau huppé.
372	— melanogaster, *Bechstein.*	— à ventre noir.
373 *	— gregarius, *Vieillot.*	— social. †
374	Glareola torquata, *Brisson.*	Glaréole à collier.
375 *	— melanoptera, *Nordmann.* (*V. C.*)	— mélanoptère.
376	Tringa subarquata Temminck.	Bécasseau cocorli.
377	— variabilis, *Meyer.*	— variable.
378	— Schinzii, *Brehm.*	— de Schinz.
379	— Temminckii, *Leisler.*	— de Temminck.
380	— minuta, *Leisler.*	— minule.
381	— maritima, *Brünnich.*	— maritime.
382	— canutus, *Gmelin.*	— canut.
383	— platyrhyncha, *Temminck.*	— platyrhynque.
384 *	— rufescens, *Schlegel.*	— roussel. †
385 *	— pectoralis, *Keys.* et *Blass*	— pectoral. †
386	Machetes pugnax, *Cuvier.*	Combattant querelleur.
387	Gallinago major, *Leach.*	Bécassine grande.
388	— vulgaris, *Dubois.*	— ordinaire.
389	— minima, *Rey.*	— minime.
390 *	— griseus, *Dubois.*	— grise.
391	Scolapax rusticola, *Linné.*	Bécasse ordinaire.
392	Actitis hypoleucos, *Boié.*	Guignette des rivages.
393	— macularia, *Naumann.*	— perlée.
394 *	Bartramia longicauda, *Latham.*	Bartrame à longue queue.
395	Totanus punctulatus, *Dubois.* (T. ochropus)	Chevalier pointillé.
396	— sylvestris, *Dubois.*	— sylvain.
397	— gambettus, *Dubois.*	— gambette.
398	— obscurus, *Dubois.* (T. fuscus.)	— obscure.
399	— chloropus, *Meyer.*	— à pieds verts.
400	— stagnatilis, *Bechstein.*	— stagnatile.
401 *	— flavipes, *Bonaparte.*	— à pieds jaunes. †
402 *	— semipalmatus. Temminck.	— semi-palmé. †
403	Limosa rufa, *Brisson.*	Barge rousse.
404	— Meyeri, *Leisler.* (*Var.*)	— de Meyer.
405	— melanura, *Leisler.*	— à queue noire.
406 *	— terek, *Temminck.*	— terek.
407	Numenius pluvialis, *Dubois.*	Courlis pluvial.
408	— arquata, *Latham.*	— arqué.
409 *	— borealis, *Wilson.*	— boréal. †
410	— tenuirostris, *Vieillot.*	— à bec grêle.
411	Ibis falcinellus, *Temminck.*	Ibis falcinelle.
412 *	— religiosa, *Cuvier.*	— sacré.

413 * Tantalus Ibis, *Linné*.	Tantale ibis.
414 Grus cinerea, *Bechstein*.	Grue cendrée.
415 * — antigone, *Keys* et *Blas*.	— antigone. †
416 * — leucogeranus, *Pallas*.	— leucogérane. †
417 * Balearica coronatus, *Dubois*.	Baléarique couronnée. †
418 * Anthropoides virgo, *Vieillot*.	Anthropoïde demoiselle.
419 Ciconia fusca, *Brisson*.	Cigogne brune.
420 — alba, *Brisson*.	— blanche.
421 Platalea leucerodius, *Gloger*.	Spatule blanche.
422 Ardea cinerea, *Linné*.	Héron cendré.
423 — purpurea, *Linné*.	— pourpré.
424 — egretta, *Linné*.	— aigrette.
425 — garzetta. *Linné*.	— garzette.
426 — comata, *Linné*.	— chevelu.
427 Botaurus nycticorax, *Dubois*.	Butor bihoreau.
428 — vulgaris, *Dubois* (Ardea stellaris.)	— vulgaire.
429 * — lentiginosus, *Bonaparte*.	— lentigineux. †
430 * — bulbucus, *Bonaparte*.	— garde-bœuf. †
431 — minutus, *Boie*.	— petit.
432 Rallus aquaticus, *Linné*.	Ralle d'eau.
433 Gallinula communis, *Dubois*.	Poule d'eau ordinaire.
434 * Porphyrio hyacinthinus, *Temminck*.	Porphyrion hyacinthe.
435 Crex pratensis, *Bechstein*.	Crex des prés.
436 Porzana maculata, *Dubois*.	Marouette tachetée.
437 — pusilla, *Dubois*.	— poussin.
438 — Bailloni, *Dubois*.	— Baillon.
439 Cinclus aquaticus, *Bechstein*.	Cincle d'eau.
440 Recurvirostra avocetta, *Linné*.	Recurvirostre avocette.
441 * Phœnicopterus roseus, *Pallas*.	Flammant rose.
442 Phalaropus hyperboreus, *Bechstein*.	Phalarope hyperboré.
443 — plathyrhynchus, *Temminck*.	— plathyrhynque.
444 Fulica atra, *Linné*.	Foulque noirâtre.
445 * — crista'a, *Gmelin*.	— à crête.
446 Podiceps minor, *Latham*.	Grèbe petit.
447 — auritus, *Latham*.	— oreillard.
448 — cornutus, *Latham*.	— cornu.
449 — cinereogularis, *Dubois*.	— à gorge grise.
450 — cristatus, *Latham*.	— huppé.
451 Colymbus rufogularis, *Meyer* et *Wolf*.	Plongeon à gorge rousse.
452 — nigrogularis, *Dubois*.	— à gorge noire.
453 — glacialis, *Linné*.	— glacial.
454 Sula alba, *Meyer* et *Wolf*.	Fou blanc.
455 Cormoranus communis, *Dubois*.	Cormoran ordinaire.

456	Cormoranus cristatus, *Dubois.*	Cormoran huppé.
457 *	— Desmarestii, *Dubois.*	— Desmarest. †
458 *	— leucogaster, *Dubois.*	— à ventre blanc. †
459	— pygmæus, *Dubois.*	— pygmé.
460	* Pelecanus roseus, *Eversm.*	Pélican rose. †
461 *	— crispus, *Bruch.*	— crépu. †
462	* Diomedea exulans, *Linné.*	Albatros mouton. †
463 *	— chlororhynchos, *Gmelin.*	— chlororhynque. †
464	Puffinus arcticus, *Faber.*	Puffin arctique.
465 *	— cinereus, *Cuvier.*	— cendré.
466 *	— major, *Faber.*	— major. †
467 *	— obscurus, *Boie.*	— obscur. †
468 *	— fuliginosus, *Strickland.*	— fuligineux. †
469	Procellaria glacialis, *Linné.*	Pétrel glacial.
470 *	— capensis, *Linné.*	— du Cap. †
471	Thalassidroma pelagica, *Vigors.*	Thalassidrome de tempête.
472	— Leachii, *Brehm.*	— de Leach.
473 *	— Wilsoni, *Bonaparte.*	— de Wilson. †
474 *	— Bulweri, *Bonaparte.*	— de Bulwer. †
475	Lestris longicauda, *Dubois.*	Stercoraire à longue queue.
476	— parasitica, *Temminck.*	— parasite.
477	— arctica, *Dubois.*	— arctique.
478	— fusca, *Dubois.*	— brun.
479	Larus flavipes, *Meyer* et *Wolf.*	Mouette à pieds jaunes.
480	— nigripallus, *Dubois.*	— à manteau noir.
481	— argentatus, *Brünnich.*	— argentée.
482	— leucopterus, *Faber.*	— leucoptère.
483	— glaucus, *Brünnich.*	— glauque.
484 *	— Audouini, *Peyreaudeau.*	— d'Audouin. †
485 *	— tenuirostris, *Temminck.*	— tenuirostre. †
486 *	— ichthyætus, *Pallas.*	— ichthyète. †
487	— eburneus, *Linné.*	— blanche.
488	— tridactylus, *Latham.*	— tridactyle.
489	— cinereus, *Gesner.*	— cendrée.
490 *	— atricilla, *Linné.*	— atricille. †
491	— ridibundus, *Linné.*	— rieuse.
492 *	— melanocephalus, *Natterer.*	— mélanocéphale.
493 *	— leucophthalmus, *Lichtenstein.*	— à iris blanc. †
494 *	— Bonaparti, *Richards.* et *Swains.*	— Bonaparte. †
495 *	— Rossii, *Richardson.*	— de Ross. †
496	— minutus, *Pallas.*	— pygmée.
497	— Sabini, *Leach.*	— de Sabine.
498	* Sterna stolida, *Linné.*	Hirondelle de mer stupide. †

499 Sterna caspia, *Pallas*. — Hirondelle de mer Caspienne.
500 — risoria, *Brehm*. — — rieuse.
501 — cantiaca, *Gmelin*. — — de Kent.
502 — Dougalli, *Montagu*. — — Dougall.
503 — arctica, *Temminck*. — — arctique.
504 * — flavirostris, *Dubois*. — — flavirostre. †
505 — vulgaris, *Dubois*. — — vulgaire.
506 — minuta, *Linné*. — — minule.
507 Hydrochelidon nigra, *Boie*. — Hydrochélidon noirâtre.
508 — cinerea, *Dubois*. (Sterna hybrida.) — — cendré.
509 — leucoptera, *Boie*. — — leucoptère.
510 Uria grylle, *Latham*. — Guillemot gryllé.
511 — troile, *Latham*. — — Troile.
512 — Leucotis, *Dubois*. (*Var*). — — à oreilles blanches.
513 * — Brunnichii, *Temminck*. — — de Brünnich. †
514 Mergulus alle, *Boie*. — Mergule nain.
515 Fratercula arctica, *Illiger*. — Macareux arctique.
516 Alca Torda, *Linné*. — Alc torda.
517 * — impennis, *Linné*. — — brachiptère. †
518 Mergus albellus, *Linné*. — Harle blanc.
519 — cristatus, *Brehm*. — — huppé.
520 — major, *Dubois*. — — major.
521 * — cucullatus, *Linné*. — — couronné.
522 Anas tadorna, *Linné*. — Canard tadorne.
523 * — moschata, *Linné*. — — musqué. †
524 — fera, *Gesner*. — — sauvage.
525 — strepera, *Linné*. — — strépère.
526 — caudacuta, *Gesner*. — — à queue effilée.
527 — fistularis, *Brisson*. — — siffleur.
528 * — sponsa, *Linné*. — — fiancé. †
529 * — falcata, *Pallas*. — — falcifère. †
530 * — glocitans, *Pallas*. — — glousseur. †
531 * — marmorata, *Temminck*. — — marbré. †
532 * — americana, *Wilson*. — — américain. †
533 — glaucoptera, *Dubois*. — — glaucoptère.
534 — crecca, *Linné*. — — sarcelline.
535 Rhynchaspis spathulata, *Dubois*. — Souchet spatule.
536 Fuligula ruficristata, *Dubois*. — Morillon à huppe rousse.
537 — erythrocephala, *Dubois*. — — érythrocephale.
538 — leucophthalma, *Dubois*. — — à iris blanc.
539 — cristata, *Stephens*. — — huppé.
540 * — rufitorquis, *Bonaparte*. (*V. C.*) — — à collier roux. †
541 — marila, *Stephens*. — — milouinan.

542	Fuligula nigra, *Savi.*	Morillon noir.
543	— lugubris, *Dubois.* (Anas fusca).	— lugubre.
544	— perspicillata, *Bonaparte.*	— à lunettes.
545	— clangula, *Savi.*	— sonneur.
546	— Barrowii, *Richardson.*	— de Barrow.
547	— histrionica, *Linné.*	— histrion.
548	— glacialis, *Bonaparte.*	— glacial.
549 *	— albeola, *Linné.*	— albéol. †
550 *	— leucocephala, *Dubois.*	— leucocéphal. †
551	Somateria vulgaris, *Dubois.*	Eider vulgaire.
552	— spectabilis, *Leach.*	— royal.
553 *	— stelleri, *Dubois.*	— steller. †
554 *	Plectropterus gambensis, *Stephens.*	Plectroptère gambette. †
555 *	Anser ruficollis, *Meyer* et *Wolf.*	Oie à col roux. †
556	— ægyptiacus, *Brisson.*	— d'Egypte.
557	— torquatus, *Frisch.*	— à collier.
558	— leucopis, *Bechstein.*	— à joues blanches.
559	— canadensis, *Fleming.*	— canadienne. †
560	— albifrons, *Meyer* et *Wolf.*	— à front blanc.
561	— Temminckii, *Boie.*	— de Temminck.
562	— arvensis, *Brehm.*	— des champs.
563	— brachyrhynchus, *Baillon.*	— à bec court.
564	— segetum, *Bechstein.*	— des moissons.
565 *	— cærulescens, *Linné.*	— à épaules bleues. †
566	— cinereus, *Meyer* et *Wolf.*	— cendrée.
567 *	— niveus, *Brisson.*	— des neiges.
568	Cygnus islandicus, *Brehm.*	Cygne d'Islande.
569	— ferus, *Brisson.*	— sauvage.
570	— tuberculirostris, *Dubois.* (C. olor.)	— à bec tuberculeux.

SIGNES CONVENTIONNELS :

L'astérisque (*) indique que l'espèce n'a pas été observée en Belgique.

La croix (†) indique que l'espèce n'a pas encore été figurée dans la 2e série de notre publication.

Var. . . . . Variété.

V. C. . . . . Variété climatique.

www.ingramcontent.com/pod-product-compliance
Lightning Source LLC
LaVergne TN
LVHW010115230826
846091LV00001BA/53

9782013021173